Premiere Pro CC

淘宝天猫网店商品视频 与 动态广告制作

实战从入门到精通

创锐设计　编著

机械工业出版社

China Machine Press

图书在版编目（CIP）数据

Premiere Pro CC淘宝天猫网店商品视频与动态广告制作实战从入门到精通／创锐设计编著. —北京：机械工业出版社，2018.9（2022.8重印）

ISBN 978-7-111-60756-4

Ⅰ. ①P… Ⅱ. ①创… Ⅲ. ①视频编辑软件 Ⅳ. ①TN94

中国版本图书馆CIP数据核字（2018）第195892号

本书是针对目前各大电商平台中视频广告飞速发展的形势而编写的，以 Adobe Premiere Pro CC 为软件工具，结合大量典型实例，全面而系统地讲解了商品视频广告的制作技法。

全书共 11 章，可分为 3 个部分。第 1 部分为基础篇，包括第 1 章、第 2 章，主要讲解商品视频广告制作的基础知识，包括网店视频的重要性、视频制作的前期准备工作等内容。第 2 部分为技法篇，包括第 3 ~ 9 章，循序渐进地讲解了 Premiere Pro CC 在商品视频广告制作中的核心技法与应用实例，包括视频剪辑、画面调校、视频滤镜、视频转场、字幕编配、音频编辑、视频特效等内容。第 3 部分为实战篇，包括第 10 章、第 11 章，通过剖析 10 种典型商品的主图视频或详情视频的制作，在综合应用中巩固所学。

本书内容丰富而全面、实例典型而实用，既适合需要学习商品视频广告制作的新手阅读，又可供从事视频剪辑相关工作的读者参考。

Premiere Pro CC 淘宝天猫网店商品视频与动态广告制作实战从入门到精通

出版发行：机械工业出版社（北京市西城区百万庄大街22号 邮政编码：100037）

责任编辑：杨 倩　　　　　　　　　　　　责任校对：庄 瑜

印　　刷：北京宝隆世纪印刷有限公司　　　版　　次：2022年8月第1版第4次印刷

开　　本：185mm×260mm　1/16　　　　印　　张：16.5

书　　号：ISBN 978-7-111-60756-4　　　定　　价：79.80元

客服电话：（010）88361066　88379833　68326294　　　投稿热线：（010）88379604

华章网站：www.hzbook.com　　　　　　　　　　读者信箱：hzjsj@hzbook.com

前言
PREFACE

近年来，淘宝、天猫等电商平台开始支持视频广告，大大丰富了商品的展示与推广手段。与图片形式的传统平面广告相比，视频广告具备效果更直观、创意更丰富、吸引力更强、信息量更大等优势，对网店客流量和转化率的提升有极大促进。为了帮助网店卖家制作出契合商品特征的视频广告，本书以 Adobe Premiere Pro CC 为软件工具，结合大量典型实例，全面而系统地讲解了商品视频广告的制作技法。

◎ 内容结构

本书共 11 章，可分为 3 个部分。

第 1 部分为基础篇，包括第 1 章、第 2 章，主要讲解商品视频广告制作的基础知识，包括网店视频的重要性、视频制作的前期准备工作等内容。

第 2 部分为技法篇，包括第 3 ~ 9 章，循序渐进地讲解了 Premiere Pro CC 在商品视频广告制作中的核心技法与应用实例，包括视频剪辑、画面调校、视频滤镜、视频转场、字幕编配、音频编辑、视频特效等内容。

第 3 部分为实战篇，包括第 10 章、第 11 章，通过剖析 10 种典型商品的主图视频或详情视频的制作，在综合应用中巩固所学。

◎ 编写特色

★ **知识体系清晰灵活：** 本书按照软件功能的应用模块来组织内容。未接触过视频剪辑的读者可从头开始循序渐进地学习，已有视频剪辑基础的读者则可自主按需选学。

★ **实例取材接近实战：** 书中的实例取材于淘宝、天猫等电商平台中当前热门的商品品类，涵盖衣饰、鞋袜、美妆、灯具等，典型性和实用性强。

★ **学习资源丰富实用：** 随书附赠的云空间资料收录了所有实例的素材、源文件和教学视频，便于读者边看、边学、边练，更好地理解和掌握相应技法。

◎ 读者对象

本书既适合需要学习商品视频广告制作的新手阅读，又可供从事视频剪辑相关工作的读者参考。

由于编著者水平有限，本书难免有不足之处，恳请广大读者批评指正。读者除了可扫描封面上的二维码关注微信公众号获取资讯以外，也可加入 QQ 群 736148470 进行交流。

编著者

2018 年 8 月

如何获取云空间资料

 一 **扫码关注微信公众号**

在手机微信的"发现"页面中点击"扫一扫"功能，如右一图所示，进入"二维码/条码"界面，将手机摄像头对准右二图中的二维码，扫描识别后进入"详细资料"页面，点击"关注公众号"按钮，关注我们的微信公众号。

 二 **获取资料下载地址和提取密码**

点击公众号主页面左下角的小键盘图标，进入输入状态，在输入框中输入本书书号的后6位数字"607564"，点击"发送"按钮，即可获取本书云空间资料的下载地址和提取密码，如右图所示。

 三 **打开资料下载页面**

在计算机的网页浏览器地址栏中输入前面获取的下载地址（输入时注意区分大小写），如右图所示，按Enter键即可打开资料下载页面。

 四 **输入密码并下载文件**

在资料下载页面的"请输入提取密码"文本框中输入前面获取的提取密码（输入时注意区分大小写），再单击"提取文件"按钮。在新页面中单击打开资料文件夹，在要下载的文件名后单击"下载"按钮，即可将其下载到计算机中。如果页面中提示需要登录百度账号或安装百度网盘客户端，则按提示操作（百度网盘注册为免费用户即可）。下载的资料如为压缩包，可使用7-Zip、WinRAR等软件解压。

> **提示**
>
> 读者在下载和使用云空间资料的过程中如果遇到自己解决不了的问题，请加入 QQ 群736148470，下载群文件中的详细说明，或向群管理员寻求帮助。

目录

CONTENTS

第6章

创建独特的视频
转场风格

第7章

编配自然和谐的
视频字幕

第1章
了解网店中视频的重要性

随着互联网的发展,网上购物已成为人们生活中非常重要的购物方式。同时,网络卖家之间的竞争也越来越大。卖家若想在激烈的竞争中脱颖而出,就需要根据广告发展的潮流,为自己的商品制作出符合时代要求的好广告。

近年来,淘宝网、天猫商城等电商平台中的视频广告发展正盛,越来越多的网店在商品的详情页面中添加了视频广告。实践证明,那些较早使用视频广告展示商品的网店,其客流量和转化率等数据都得到了明显的提升。下面将对视频广告在网店中的重要性进行具体说明。

1.1 增强视听刺激性

视频广告是一种集影、音于一身的广告形式。与平面广告相比,视频广告有很多优点。例如,传统的商品平面广告由大量图片和文字组成,当买家想要了解某商品的详细信息时,需要浏览很久才能看完,并且买家只能通过视觉获取信息,很容易感到厌倦;而视频广告能以影、音结合的方式,用最小的篇幅和最短的时间将商品的重要信息呈现给买家,既便于买家了解商品,又能从视觉和听觉两方面同时增强对买家的刺激,使其不至于感到审美疲劳。下面以淘宝网中的主图广告为例,对平面广告与视频广告的效果进行对比。

下左图所示是以静态主图形式展示的口红,虽然图片很好看,但其展示方式比较单一,不能一眼吸引买家;而下右图所示是以视频主图形式展示的口红,它能以影音的形式充分吸引买家的注意力,即使买家一开始并没有将这款口红列入备选商品,但也极有可能会好奇地看完视频内容,并在此过程中被激发出购买欲。

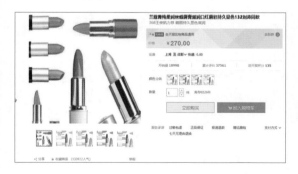 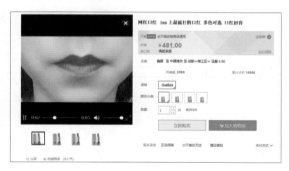

1.2 多角度展示商品细节

当买家进入店铺浏览商品时,若详情页只用图片进行展示,买家只能从外观上了解商品,即使在图片中添加文字描述,也很难用极少的文字清楚地表达商品的各种性能、特点。若在图片中加入太多的文字,又会占用较长的篇幅,极易让人失去耐心。如果使用视频广告,则可以用最少的篇幅,多角度、全方位地展示商品的细节特征。

通过视频展示商品，还可以真实地再现商品的外观、使用方法、使用效果等，比图片和文字更令人信服。下图所示为某网店为所销售的一款茶叶制作的视频广告，该视频广告通过完整的泡茶操作流程展示了精美的礼盒包装、冲泡过程中茶叶的变化和茶汤的颜色等，整个效果看起来非常真实。

下图所示为某网店为所销售的一款护手霜制作的视频广告，该视频广告不仅展示了护手霜的外观和细节等，而且展示了护手霜涂抹的过程及涂抹前后的手部皮肤效果对比，更具说服力。

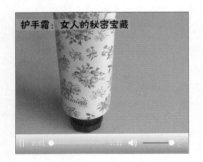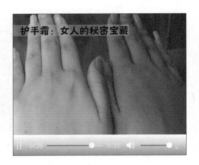

1.3 提供手把手客户服务

除了在详情页面中使用视频展示商品信息外，还可以额外制作一些实用的商品使用教程小视频，作为售后服务的一部分提供给买家。这样既解决了买家在使用商品时可能遇到的问题，又能让买家感受到店铺贴心而专业的服务，提升买家对店铺的好感度和忠诚度。

例如，买家在某店铺购买了一款多功能修剪器后，发现不知道该如何使用，说明书也看不太懂，前来询问客服，客服便将事先制作好的修剪器使用教程小视频发送给买家。该视频的使用步骤讲解浅显易懂，还配有语音说明，买家就好像在享受一对一、手把手的教学，很快就学会了修剪器的使用。这样买家的购物体验自然就提升了，客服人员的工作量也得以减轻。下图所示为从视频教程中截取的电池安装步骤图像，从左至右分别为拆分修剪器主体、安装电池、装回修剪器主体3 个步骤，非常形象、直观，很好地解决了买家的问题。

1.4　提高商品转化率

对于网店来说，转化率通常是指浏览网店并产生购买行为的人数和浏览网店的总人数之间的比值。几乎所有的网店活动，不论是网店装修、节日促销，还是线下线上推广，都是为了提高商品转化率。在这个过程中，要选择正确的方式，以最小的投入换取最大的产出。视频广告无疑是其中非常划算的活动之一，它以一种崭新的形式展示商品，而且并不需要耗费大量时间和金钱，就能行之有效地推广商品，从而达到提高商品转化率的目的。下表所示为淘视频的收费标准，从表中可以看出电商平台对网店商品视频这一广告形式的收费相对较低，对于商品的推广来说非常划算。

周期 ＼ 个数	2 个	5 个	50 个	100 个
一个月	5 元	10 元	30 元	170 元
一季度	15 元	30 元	60 元	500 元
半年	30 元	60 元	120 元	1001 元
一年	60 元	120 元	360 元	2020 元

下表所示是 2017 年 7 月 27 日至 8 月 30 日之间某品牌服饰直营店的主图视频数据。从表中可以看出，使用主图视频的产品与未使用的同类产品相比，转化率和销量有明显的提升。由此可见，视频广告对转化率提升有一定的促进作用。

某品牌服饰直营店	转化率	销量
使用主图视频的产品	1.64%	421
未使用主图视频的同类产品	0.94%	36

除此之外，前面所讲的视频广告可以增强视听刺激性、多角度展示商品细节、提供手把手客户服务等，都是为提高商品转化率服务的。

1.5　提高网店搜索权重

网店的搜索权重，其实就是对网店的整体考量，是决定网店中商品搜索排名的重要因素。以淘宝网为例，人们在淘宝网中搜索某一件商品时，各网店的商品在搜索结果中会有先后之分，排名越靠前的商品，相对来说也越容易获得买家的青睐。因此，卖家会千方百计提高自家网店的搜索权重。

下两图所示分别为 2017 年 8 月 29 日和 9 月 1 日在淘宝网中搜索"多层挂衣架"的结果，从中能够看出，搜索相同的商品时，由于受到搜索权重的影响，商品排名发生了变化。

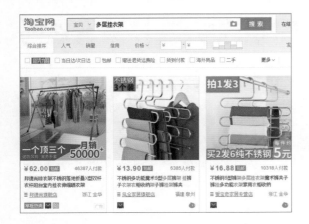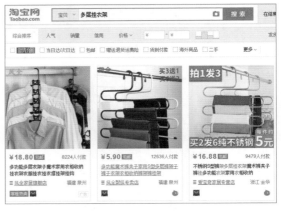

　　既然搜索权重会直接影响商品的搜索排名，那么影响搜索权重的因素有哪些呢？在网店中，影响搜索权重的因素很多，包括店铺和商品的收藏量、好评度、信誉度等。视频广告和搜索权重之间看似没有直接关系，但一些影响搜索权重的因素，如商品点击率、转化率、收藏量、好评度等，都可能受到视频广告的影响，进而影响店铺的搜索权重，如下图所示。

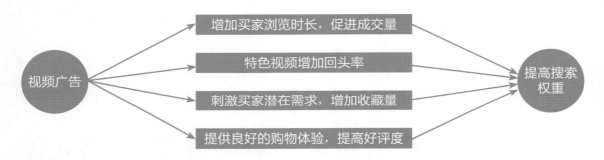

　　视频广告可以直接影响买家在商品详情页的浏览时长，浏览的时间长了，对商品的成交量将大有助益。如果视频广告既能完美展示商品，又有自身特色，就能给买家留下深刻的印象，这对增加回头客的作用不容小觑。此外，如果视频中展现了买家原本没有想到的商品功能，那么还可以刺激买家的潜在需求。很多人即使不会立即下单，也可能会将商品加入收藏，增加了购买商品的可能性。同时，如果通过视频提供手把手的客户服务，为买家带来良好、舒适的购物体验，让人觉得买得值，好评度也就上来了。如此一来，网店的搜索权重自然就上升了，商品搜索排名也就相对靠前了。

　　除此之外，一个好的视频广告还会使搜索权重和转化率之间相互影响，如下图所示。搜索权重的提升使商品搜索排名靠前，可极大地增加商品被点击的机会，从而提高商品转化率。同时，转化率的提高又可以作用于搜索权重，使商品搜索排名靠前。所以说，视频广告可以在一定程度上使两者处于良性循环的状态。

第**2**章
视频制作前期准备工作

为了使视频广告的后期剪辑工作能顺利完成，在前期需要做好充分准备。例如，制定一个视频广告制作方案，了解电商平台对视频广告的具体要求并根据要求拍摄相关视频素材，以及了解视频剪辑软件并根据自己的需求选择一款软件进行学习等。只有这样，才能在视频广告的后期剪辑过程中做到胸有成竹，达到事半功倍的效果。

2.1 厘清视频广告的制作思路

厘清思路，对于视频广告制作来说，就相当于掌舵在帆船航行中的意义。掌舵方向对了，帆船就能顺利驶向终点。思路厘清了，视频广告制作才不会走偏方向。

第一步：清楚视频广告的制作流程

制作网店视频广告前，首先需要清楚制作流程，然后根据流程有条不紊地进行制作。下图所示为视频广告制作的基本流程。

制定拍摄方案 ➤ 拍摄视频素材 ➤ 视频剪辑 ➤ 视频导出 ➤ 视频上传

第二步：明确视频广告的制作目的

制作视频广告前，一定要明确该视频是用来做什么的，要达到什么样的效果，然后才能有的放矢地开展工作。

网店视频广告的目的有很多，可以根据视频广告的类型来确定其目的。视频广告按展现位置可以分为主图视频广告和详情视频广告，主图视频广告的目的是突出商品亮点、吸引买家目光，详情视频广告的目的则是突出商品功能、使用方法及使用效果等。视频广告按内容又可以分为展示型视频广告和活动型视频广告，展示型视频广告的目的是详细展示商品的使用方法及使用效果等，活动型视频广告的目的则是宣传商品促销活动的内容、提高商品下单率等。

第三步：确定视频广告的制作方向

明确视频广告的制作目的后，接下来就要分析商品属性，并定位视频观看人群，最终确定适合商品的视频风格，确定视频制作方向，如下图所示。确定了视频制作的方向，就能大概勾勒出一个视频的整体形象，也便于在后期剪辑时，操作更加流畅。

制作目的 ➕ 商品属性 ➕ 定位人群 ➡ 制作方向

第四步：制定视频广告整体方案

思考好相关内容后，应该放眼全局制定整体的广告制作方案。如下图所示，简单方案包括视频广告制作的目标、流程、时间分配、脚本、预算等内容。由于网店视频广告制作相对比较简单，也很少参与大型的商业合作项目，因此，制作方案只需罗列必要的内容，做到心中有数即可。

| 简单方案 | = | 目标 | + | 流程 | + | 时间分配 | + | 脚本 | + | 预算 |

2.2 了解网店视频广告的规则

不同的电商平台对上传的商品视频广告有不同的要求。在制作视频广告时，就要遵守相关要求。下面分别介绍淘宝、天猫和京东等电商平台对视频广告的相关要求。

2.2.1 淘宝、天猫的视频广告规则

淘宝、天猫网店中的视频，买家关注最多的主要有主图视频、详情页视频和客服视频3种。其中，主图视频和详情页视频在内容和格式上有较明确的要求，而客服视频可根据卖家的情况和买家的需要制作，相对比较随意。下表所示为淘宝、天猫视频广告的规则。

内容要求	❶ 视频中不能含其他平台的二维码、站内外店铺等任何二维码信息 ❷ 不能含微信、QQ、今日头条等其他内容平台的引导，如微信朋友圈、微信公众号、QQ空间等 ❸ 不能含其他视频平台、电视台、境外网站、境外制作公司的标志，如腾讯视频、爱奇艺、搜狗等 ❹ 不能含任何引导app下载信息，包含文字及口播方式。不能出现任何其他购物平台品牌、引导下载等信息 ❺ 若视频中有旁白，需要同时配上字幕
规格要求	❶ PC端主图视频的时长不能超过60 s ❷ 视频画面为正方形，比例为1：1或16：9，画质要求高清，720p以上 ❸ PC端商品详情页视频和店铺首页视频的大小不能超过2 GB，时长不限 ❹ 无线端商品主图和详情页视频时长不能超过60 s ❺ 无线端店铺首页视频时长不能超过2 min ❻ 微淘视频时长不能超过3 min ❼ 支持的视频格式有WMV、AVI、MPG、MPEG、3GP、MOV、MP4、FLV、F4V、M4V、M2T、MTS、RMVB、VOB、MKV

2.2.2 京东商城的视频广告规则

京东商城对视频广告的要求相对较为详细，但其实一些视频规范在网店视频广告中是通用的，如拍摄视频要符合实物详情，不得夸大其功能等。下表所示为京东商城对视频广告的一些要求。

内容要求	❶ 必须符合中华人民共和国的法律法规，不能涉及政治、色情、暴力、种族歧视等内容 ❷ 视频中介绍的商品所用原材料必须符合国家相关部门的资质认证 ❸ 信息描述必须与对应商品页面的信息及实物信息相符 ❹ 不可以出现其他网站、网址信息 ❺ 视频中若涉及特殊商品应有相关提示。例如，如果涉及飞行器，应提示"儿童使用应在家长陪同下完成，避免造成人身及实物的伤害"等

续表

规格要求	❶ 主图视频时长不超过 20 s，视频画面尺寸不小于 500 像素×500 像素，视频大小应在 30 MB 以内 ❷ 主图视频建议纯白背景或者相应的使用场景，尽可能减少出现其他物品及景观，禁止其他无关人物出现在视频中 ❸ 详情页视频的清晰度应达到标清及以上 ❹ 推荐采用 MP4 等主流媒体格式

技巧提示

　　对于所有上传至电商平台的视频，建议在保持水平视角的条件下，商品能完整出现在可见区域内；对于视频中需要旋转展示的商品，其旋转角度应保持在 30°～ 360° 之间；对于自行旋转的商品，需要保持转盘的干净整洁。

2.3　拍摄符合要求的视频素材

　　视频素材（包括静态的图像素材、动态的视频素材等）是视频广告制作的基础，在前期拍摄足够数量的视频素材能让后期的视频剪辑拥有更大的发挥空间。但是数量足够还不行，视频素材的拍摄质量还需达到一定水准，如画面清晰、主体明确等，这样才能提高素材的利用率。

2.3.1　多方考量选用合适的器材

　　拍摄视频素材时，使用专业的摄像机或数码相机无疑是最好的选择，它们拥有超高的像素、强大的颜色还原能力、宽广的拍摄视野等诸多硬件优势。尤其是涉及商品高清图片或视频展示、店铺品牌形象宣传方面的内容时，使用专业的摄像机或数码相机进行拍摄，能够满足高水准的视频制作要求。

　　下图所示为从使用专业数码相机拍摄的手提包商品视频中截取的两幅图像，不论是商品的颜色还原还是细节展现，效果都非常好。

　　但是专业的摄像机或数码相机价格昂贵，而且对拍摄者的技术水平有一定的要求，很多网店难以满足这些条件。其实，如今普及率极高的手机也是一个不错的拍摄工具，应用于拍摄网店商品广告的视频素材具有很大的可操作性。下面简单介绍手机拍摄的优点。

1．功能强大

现在手机的拍摄功能越来越强大，甚至在一定程度上能够取代卡片相机。虽然还是没有相机专业，但是对于摄影新手来说，手机的内置相机可以实现自动对焦、补光、调色等，非常方便。下图所示为使用手机拍摄的两张眼镜商品照片，其中的虚化效果和颜色还原都极佳。

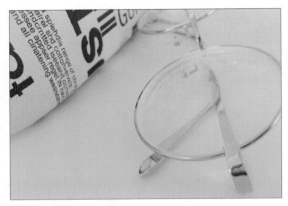

2．像素够高

现在即使是低端手机，摄像头的像素最少也能达到 800 万以上，一般都在 1200 万以上，用于拍摄视频素材完全够用。下左图所示是从使用手机拍摄的商品视频中截取的图像，下右图所示为将截取的图像局部放大后的效果，可以看出图像依然清晰。

3．小巧便携

手机与专业的摄像机和数码相机相比要小巧得多，便于随身携带。随时随地看到好的素材，都可以立即用手机拍下来，不用费心去准备充电器、内存卡，还可以随拍随传，十分方便。

2.3.2 | 突出主体让内容更明确

拍摄视频素材时，一定要确定拍摄的主体内容，避免出现主体不明、画面背景杂乱等情况，同时要确保画面整体的协调性。

下两图所示为保温杯商品的图片素材。左图由于纳入了过多的背景元素，整个画面看起来杂乱无章；右图使用了与图像背景和商品颜色相近的物体作为陪体，画面布局缺乏层次感。观者看到这样的图像时，容易忽略要表现的主体商品。

在摆拍商品时，若是不太会调和背景与主体的关系，那么为了避免因背景过于丰富或画面缺乏层次感而产生主体不明的情况，建议使用纯色背景进行拍摄。下两图所示为使用纯色背景所拍摄的图像，它们更容易让主体对象成为整个画面的视觉中心，这样就能轻松将观者的视线吸引到要表现的商品上。

2.3.3 多角度拍摄让视频编辑有更多选择

拍摄商品视频时，从多个角度进行拍摄，能更好地满足视频制作的需要。不仅可以在剪辑中组合使用素材时有更多选择，而且能达到全方位展示商品的效果。

下面3幅图像为从某女包商品视频中截取的画面，分别从正面、背面及内里的角度展示了商品。在剪辑视频时，既可以将展示外观的视频素材组合起来，制作出时尚潮流风格的主图视频，又可以将展示内里的视频素材组合起来，制作出展示商品实用性的详情视频。

2.3.4 | 巧用反光板补光保持画面明亮度

拍摄环境中的光线强度在极大程度上决定了视频画面的明亮度，足够的明亮度能让商品展示更加真实、耐看。但是很多环境中的光线强度都难以达到理想状态，弱光下拍摄出来的视频画面的明亮度会明显不足，不利于抓住观者的视线。此时就需要利用反光板进行补光。如果没有反光板，也可用一些日常用品替代。例如，在室内拍摄小件商品但光线不足时，可用白色 A4 纸代替反光板补光；在室外光线较弱时拍摄视频，可用镜子或锡纸代替反光板补光。用锡纸补光时，最好把锡纸弄皱，这样反射出的光线会更加柔和、均匀。

下左图所示为使用白色 A4 纸作为反光板拍摄的图像，整个画面看起来很明亮，比较耐看；下右图所示是在皱锡纸反射的光线下拍摄的图像，光线显得非常柔和，而且保证了商品主体在逆光环境中的明亮度。

2.3.5 | 借助三脚架拍摄清晰的视频素材

视频画面主体的清晰度是影响商品展示效果的重要因素。拍摄视频时借助一些辅助器材稳固拍摄设备，可以拍摄出更加清晰的画面。其中最常见的就是三脚架，它独特的构造能在最大程度上帮助拍摄者稳定拍摄设备。在使用手机拍摄视频时，若来不及准备三脚架，也可以使用其他辅助设备，如手机支架、自拍杆等。下面对这两种情况进行具体介绍。

1. 使用三脚架辅助拍摄

三脚架是视频拍摄中非常重要的辅助器材，它能避免画面模糊的情况发生，在最大程度上保持画面的清晰度。右图所示为一款专供手机使用的三脚架，具有便携、稳固、易旋转等诸多优点。使用手机拍摄视频时，若能用上此类三脚架，可有效避免"手抖"，拍出画面清晰的商品视频。

下两图均是使用三脚架辅助拍摄的，整个画面非常清晰，不存在任何模糊的情况。将这种质量的素材应用于网店的视频制作，一定能为商品加分。

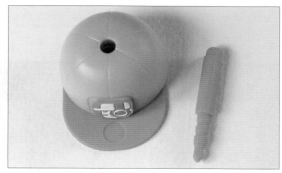

2. 使用其他设备辅助拍摄

　　使用手机拍摄时，若没有三脚架，也不建议手持拍摄。因为手持拍摄很难避免手部的抖动，极可能拍摄出模糊、晃动的视频素材。将这种视频素材应用在网店视频中，不仅达不到理想的商品展示效果，而且会给买家留下不好的印象，令买家对店铺的专业程度产生疑虑。此时可以使用手机支架或利用生活用品稳固手机进行拍摄。如右图所示为一款手机支架，它具有长度较长、折叠方便等优点，能有效稳固手机，辅助拍摄。

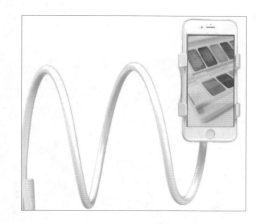

　　下两图所示为在缺少三脚架的情况下拍摄的某保温杯图像。其中，左图是在手持状态下拍摄的图像，整个画面看起来很模糊，更不用说让人看清商品细节了；右图是使用手机支架辅助拍摄的图像，商品主体看起来更加清晰。

2.4 认识视频编辑软件

　　目前市面上的视频编辑软件有很多，最为常用的就是 Premiere Pro。Premiere Pro 作为一款专业的视频编辑软件，被广泛应用于广告、影视节目制作等领域。Premiere Pro 具有高效易学、创作自由的特点，既可以进行视频剪辑和调色，又可以美化音频、添加字幕和特效，还能灵活输出文件和转换视频格式等。本节将对 Premiere Pro 的工作界面进行简单介绍。

　　安装并启动 Premiere Pro 程序后，设置工作区为所有面板，可以看到整个工作区分为 4 个大的窗口，分别为源监视器窗口、节目监视器窗口、项目窗口和时间轴窗口，此外还有界面上方的菜单栏和右侧的编辑工具面板组等，如下图所示。

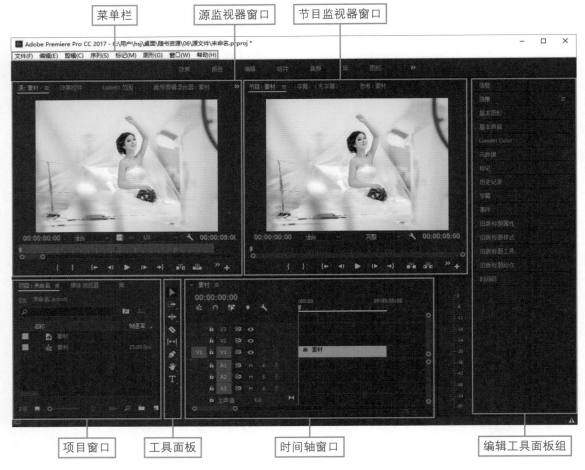

菜单栏　源监视器窗口　节目监视器窗口

项目窗口　工具面板　时间轴窗口　编辑工具面板组

1. 菜单栏

菜单栏中有"文件""编辑""剪辑""序列""标记""图形""窗口""帮助"8 组菜单，下表所示为各菜单的常用功能。

菜单	常用功能
文件	新建项目、打开项目、保存项目、新建序列、新建字幕、新建颜色遮罩、导入和导出文件
编辑	撤销操作、复制对象、粘贴对象、波纹删除
剪辑	重命名素材、制作和编辑子剪辑、设置素材持续时间、提取音频、创建多机位
序列	序列设置、渲染剪辑、匹配帧、添加和删除轨道
标记	添加标记、查找标记、标记剪辑入点和出点、查找剪辑入点和出点
图形	安装动态图形模板、新建图层、选择图形
窗口	设置工作区布局、切换程序窗口和工作面板
帮助	打开软件的在线帮助系统、登录用户的 Adobe ID 账户

2. 节目监视器窗口

节目监视器窗口用于播放编辑的视频，在其下方的一排按钮中，前 8 个按钮的功能从左至右分别为"添加标记""标记入点""标记出点""转到入点""后退一帧""播放 - 停止切换""前进一帧""转到出点"。节目监视器窗口由视频显示窗口、缩放滚动条、播放指示器等几部分组成，下左图所示为节目监视器窗口。

3．源监视器窗口

源监视器窗口用于打开和编辑素材文件，在源监视器窗口中打开素材后的效果如下右图所示。该窗口中的"效果控件"面板用于对素材进行运动和变换等处理。

4．项目窗口

项目窗口主要用于导入和管理视频素材文件、显示视频编辑序列等，如下左图所示。

5．工具面板

工具面板中列出了"选择工具""剃刀工具""文字工具"等比较重要的视频编辑工具，如下中图所示。

6．时间轴窗口

时间轴是视频剪辑中的重要功能之一，删除视频片段、连接视频素材、添加标记、对齐视频等许多操作都要通过时间轴来完成。时间轴窗口包含视频编辑轨道（V1、V2、V3）和音频编辑轨道（A1、A2、A3）两部分，如下右图所示。

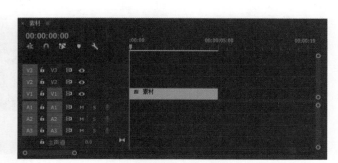

7．编辑工具面板组

编辑工具面板组用于选择需要使用的功能，包括"信息""效果""基本声音""字幕"等15个面板。要选择某个工具对视频进行编辑时，单击标签即可打开对应的面板。右两图所示为工作区显示所有面板状态下的编辑工具面板组。

第 **3** 章
Premiere Pro视频剪辑基础

使用 Premiere Pro 剪辑视频前，应事先准备好需要的素材，并通过创建项目文件，对项目中的素材进行粗剪等基本操作，为视频的进一步剪辑奠定基础。本章将对 Premiere Pro 视频剪辑的基本操作进行讲解。

实例1——新建项目并导入素材

创建项目文件是对项目进行操作的第一步。启动 Premiere Pro 后，可以在"欢迎屏幕"中创建新的项目文件，也可以执行"文件 > 新建 > 项目"菜单命令创建新的项目文件。对于新创建的项目文件，可以向其中导入需要的素材文件。

原始文件	随书资源 \03\ 素材 \01.jpg、02.jpg
最终文件	随书资源 \03\ 源文件 \ 新建项目并导入素材 .prproj

步骤 01 启动 Premiere Pro。使用鼠标左键双击桌面上的 Premiere Pro 图标，即可启动该软件，启动时的界面如下图所示。

步骤 02 新建项目。启动完成后，单击"欢迎屏幕"中的"新建项目"按钮，如下图所示。

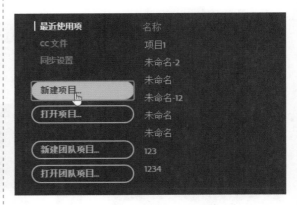

步骤 03 设置项目参数。打开"新建项目"对话框，❶在"名称"文本框中输入"新建项目并导入素材"，❷单击"位置"右侧的"浏览"按钮，如右图所示。

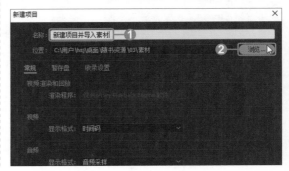

步骤 04 选择新建项目的保存路径。打开"请选择新项目的目标路径"对话框，❶选择目标文件夹的路径，❷单击"选择文件夹"按钮，如右图所示。返回"新建项目"对话框，单击"确定"按钮。

技巧提示

除了执行"文件 > 导入"菜单命令导入素材文件外，还可双击项目窗口空白处导入素材。

步骤 05 导入素材。执行"文件 > 导入"菜单命令，或按快捷键 Ctrl+I，打开"导入"对话框，找到素材文件的存储路径，❶选择 01.jpg，❷单击"打开"按钮，如下图所示。

步骤 06 素材导入完成。此时可在项目窗口中看到图片素材 01.jpg。接下来继续导入 02.jpg 素材，导入后在项目窗口中会显示导入的素材，如下图所示。

实例2——创建序列

不同电商平台对商品视频的长宽比有不同的要求，因此，在制作视频时还需要考虑视频的长宽比。在 Premiere Pro 中，可以通过创建和设置序列来调整视频的长宽比。本实例将讲解如何通过执行菜单命令创建序列。

原始文件	随书资源 \03\ 素材 \03.prproj
最终文件	随书资源 \03\ 源文件 \ 创建序列 .prproj

步骤 01 执行"文件 > 打开项目"菜单命令。启动 Premiere Pro 软件，❶单击"文件"菜单，❷执行"打开项目"菜单命令，如右图所示。

步骤 02 **打开项目文件**。打开"打开项目"对话框，❶选择项目文件 03.prproj，❷单击"打开"按钮，如下图所示。

步骤 04 **设置序列名称**。打开"新建序列"对话框后，在该对话框"序列名称"右侧的文本框中输入"序列 01"，如下图所示。

步骤 06 **设置"视频"选项组参数**。❶继续在对话框中设置"帧大小"的"水平"值为 2000、"垂直"值为 2000，❷单击"像素长宽比"右侧的下拉按钮，❸在展开的列表中选择"方形像素（1.0）"，❹设置后可看到"垂直"选项后的数值变为了 1:1，如下图所示。

步骤 08 **完成序列设置**。设置完成后，单击"新建序列"对话框中的"确定"按钮，返回工作界面。此时在项目窗口中可看到"序列 01"，将鼠标指针移动至该序列上方，可看到它的具体信息，如下左图所示。

步骤 03 **新建序列**。执行"文件 > 新建 > 序列"菜单命令，如下图所示，或者按快捷键 Ctrl+N，打开"新建序列"对话框。

步骤 05 **设置"自定义"序列编辑模式**。❶单击"新建序列"对话框中的"设置"标签，切换至"设置"选项卡，看到"编辑模式"默认为"DV 24p"，❷单击"编辑模式"下拉列表框，❸在展开的列表中选择"自定义"选项，如下图所示。

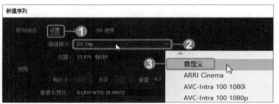

步骤 07 **设置序列的"轨道"数量**。❶单击"轨道"标签，切换至"轨道"选项卡，❷移动鼠标指针到"视频"选项右侧的蓝色数字上，当鼠标指针变成形状时，单击鼠标，在打开的输入框中输入数字"4"，如下图所示。

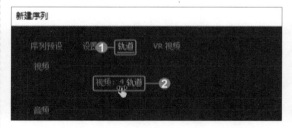

步骤 09 **导入素材至"序列 01"的时间轴轨道**。选择项目窗口中的 01.jpg 素材，并按住鼠标左键不放，将其拖动至时间轴窗口中"序列 01"的剪辑轨道上，当鼠标指针变为形状时，如下右图所示，释放鼠标，完成拖动。

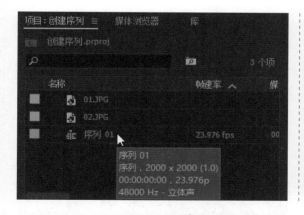
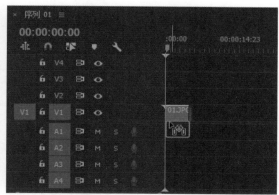

知识拓展

若对视频的长宽比无要求，直接拖动素材到时间轴即可新建序列，无须专门设置序列参数。若必须对序列的相关参数进行设置，其"帧大小"参数值一定要根据图片素材或视频素材的分辨率进行合理设置，否则剪辑出来的视频质量会受到影响。

步骤10 查看序列设置结果。查看节目监视器窗口，可看到视频图像以长宽比 1：1 的形式显示，如右图所示。

知识拓展

向已有序列中导入素材，当素材为图片文件时，可直接导入；当素材为视频文件且像素大于序列设置的像素时，会弹出"剪辑不匹配警告"对话框，此时在对话框中选择"保持现有设置"选项，节目监视器窗口才会按序列所设置的像素显示视频图像。

实例3——删除视频素材片段

在商品视频编辑过程中，需要删除无用、多余的视频片段，以达到视频优化重组的目的，这可以通过使用"剃刀工具"切割视频来实现。先将项目窗口中的素材导入时间轴中，使用"剃刀工具"在视频素材上方单击进行切割，然后使用"选择工具"选中需要删除的片段并删除。本实例将对删除视频素材片段的相关操作进行讲解。

	原始文件	随书资源 \03\ 素材 \04.prproj
	最终文件	随书资源 \03\ 源文件 \ 删除视频素材片段 .prproj

步骤01 选中视频素材。打开项目文件 04.prproj，在打开文件后的项目窗口中选中视频素材"鞋子 .mp4"，如下左图所示。

步骤02 拖动素材至时间轴窗口。选中素材后，按住鼠标左键不放，并拖动鼠标，此时鼠标指针变为 形状，如下右图所示。

步骤 03 **继续拖动鼠标。**继续拖动鼠标至时间轴窗口中，可以看到时间轴窗口显示"无序列"，同时鼠标指针变为 形状，如下图所示。

步骤 04 **完成拖动。**释放鼠标，自动生成了"鞋子"序列，在时间轴窗口中可看到导入至剪辑轨道上的视频素材，如下图所示。

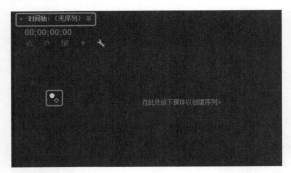

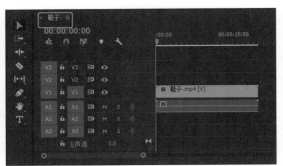

步骤 05 **放大显示素材。**如下图所示，双击 V1 轨道和 A1 轨道左侧的空白区域，放大显示轨道上的素材。

步骤 06 **选择"剃刀工具"。**单击工具面板中的"剃刀工具"按钮 ，选择"剃刀工具"，如下图所示。

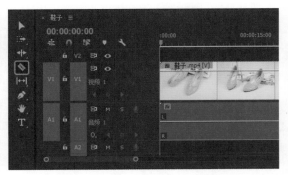

步骤 07 **拖动时间轴中的播放指示器。**单击蓝色的播放指示器图标 ，并将其向右拖动至"时间码"显示为"00:00:02:00"时间点，如右图所示。

步骤 08 同步观察节目监视器窗口。在拖动播放指示器的同时，节目监视器窗口也显示"时间码"为"00:00:02:00"时的画面效果，如下图所示。

步骤 09 用"剃刀工具"切割视频。将播放指示器拖动到"00:00:02:00"位置后，移动鼠标指针至时间标识与时间轨交界处并单击，将整段视频素材切割成两段，如下图所示。

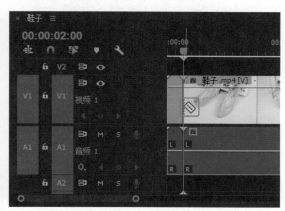

知识拓展

若是通过直接将素材拖动至时间轴窗口的方式新建序列，则该序列将会以所拖动的第一个素材的名称命名；若要向已有序列中导入素材，除直接拖动导入外，还可以在项目窗口中先选中素材，然后单击项目窗口下方的"自动匹配序列"按钮进行导入。

步骤 10 继续切割视频。重复步骤 07 ~ 09 的操作，在时间轴窗口中用"剃刀工具"单击视频素材"00:00:04:00"位置，将视频素材切割成 3 段，如下图所示。

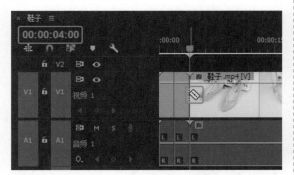

步骤 12 选中要删除的片段。移动鼠标指针至需要删除的片段上方单击，该片段变为灰色，如右图所示。

步骤 11 选择"选择工具"。单击工具面板中的"选择工具"按钮，选择"选择工具"，如下图所示。

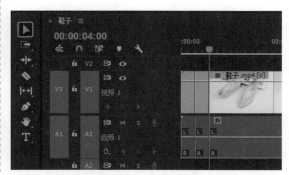

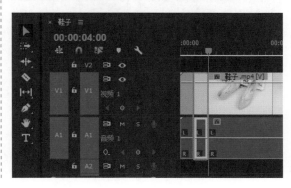

步骤 13 执行"波纹删除"命令。右击鼠标，在弹出的快捷菜单中执行"波纹删除"命令，如下图所示。

步骤 14 删除后的效果。此时剪辑轨道上只剩两段素材，后一段素材的开始处会自动连接到前一段素材的末尾处，如下图所示。

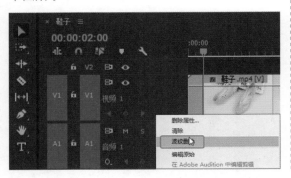

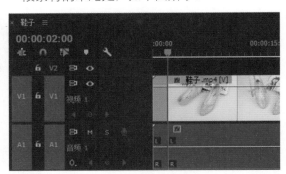

技巧提示

除执行"波纹删除"命令对视频进行删除操作外，也可执行"清除"命令或按 Delete 键删除视频片段，然后通过手动拖动的方式对剩余的片段进行前后衔接。

实例4——无缝连接素材防止黑屏

对两段或多段商品视频素材进行"编组"，不仅能便于同时对分段的素材进行操作，还能有效防止因视频断点或黑屏而影响买家观看视频。本实例将分别对单轨道和多轨道视频素材的无缝连接与编组进行讲解。

原始文件	随书资源 \03\ 素材 \05.prproj
最终文件	随书资源 \03\ 源文件 \ 无缝连接素材防止黑屏 .prproj

步骤 01 将视频素材导入同一轨道。打开项目文件 05.prproj，将项目窗口中的视频素材"茶叶1.mov"和"茶叶2.mov"导入时间轴，并放大显示素材，如下图所示。

步骤 02 选中"茶叶2.mov"素材。将鼠标指针移动至时间轴窗口中的"茶叶2.mov"素材上方，然后单击素材，如下图所示。

步骤 03 拖动"茶叶2.mov"素材。选中"茶叶2.mov"素材后，单击并向左拖动至"茶叶1.mov"素材的末尾处，此时两段素材的交界处显示一条黑色竖线，如下左图所示。

步骤 04 释放鼠标。释放鼠标，将两段视频无缝连接，去除两段视频间的空白区域，如下右图所示。

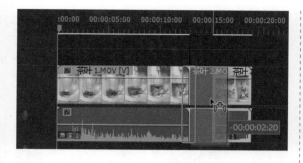

步骤 05 同时选中两段视频。按住 Shift 键不放，依次单击"茶叶 1.mov"和"茶叶 2.mov"素材，同时选中两段视频，如下图所示。

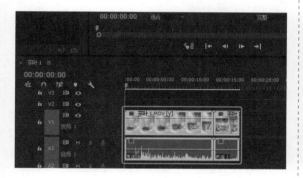

步骤 07 取消编组。若要对编组后的素材中的某一段进行单独编辑，则可右击鼠标，在弹出的快捷菜单中执行"取消编组"命令，取消编组，如下图所示。

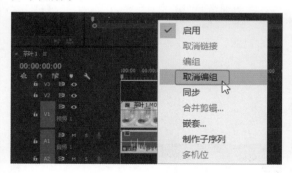

步骤 09 拖动"茶叶 2.mov"素材。运用相同的方法，选中"茶叶 2.mov"素材，单击并向左拖动至"茶叶 1.mov"素材的尾部，当出现一条黑色竖线时，释放鼠标，如右图所示。

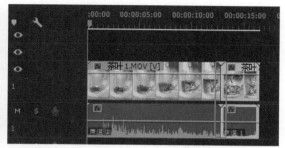

步骤 06 执行"编组"命令。如下图所示，在选中的两段视频的任意位置右击，在弹出的快捷菜单中执行"编组"命令，即可同时对两段视频进行编辑。

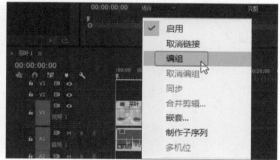

步骤 08 导入两段素材至时间轴的不同轨道。接下来是多轨道上视频素材的无缝连接处理。分别将"茶叶 1.mov"和"茶叶 2.mov"素材导入时间轴的 V1 轨道和 V2 轨道，如下图所示。

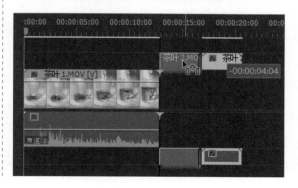

步骤 10 同时选中两段素材。按住 Shift 键不放，依次单击"茶叶 1.mov"和"茶叶 2.mov"素材，同时选中两段视频，选中的视频显示为灰色，如下图所示。

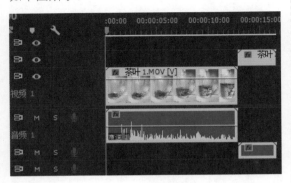

步骤 12 执行"取消编组"命令。与单轨道的取消编组操作相同，对于编组后的多轨道上的视频素材，也可以右击视频素材，在弹出的快捷菜单中执行"取消编组"命令，以还原成两个分段的视频素材，如右图所示。

步骤 11 执行"编组"命令。右击选中的视频，在弹出的快捷菜单中执行"编组"命令，如下图所示。此时单击任意一段视频的任意位置，都会同时选中两段视频。

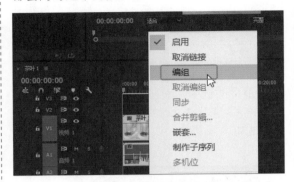

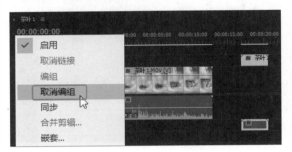

实例5——添加标记指示视频重要时间点

在商品视频中应用标记指示视频的重要时间点，能便于视频剪辑的定位和排列。尤其在需要编辑的时间点较多的情况下，标记可以起到极重要的辅助作用。本实例将通过详细的操作步骤讲解在视频中添加、设置、查找及删除标记的方法。

原始文件	随书资源 \03\ 素材 \06.prproj
最终文件	随书资源 \03\ 源文件 \ 添加标记指示视频重要时间点 .prproj

步骤 01 单击"播放"按钮播放视频。打开项目文件 06.prproj，在节目监视器窗口中单击"播放 - 停止切换"按钮 ▶，播放视频，当播放至"00:00:00:57"位置时，画面显示正取出茶叶礼品盒，如右图所示。

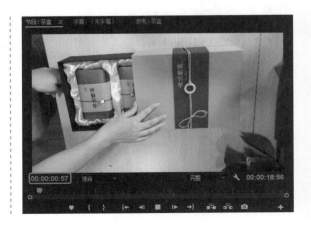

步骤02 单击■按钮暂停播放视频。当视频播放至"00:00:03:08"时，画面中的动作转为即将打开茶叶盒，如下图所示。单击"播放 - 停止切换"按钮■，暂停播放视频。

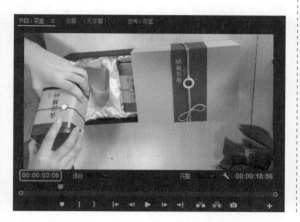

步骤03 单击"添加标记"按钮添加剪辑标记。单击"添加标记"按钮■，或按 M 键，在节目监视器窗口中的滑块正上方将显示一个墨绿色的标记图形，表示在此处已添加标记，如下图所示。

知识拓展

Premiere Pro 中有"注释标记""分段标记""Web 链接"等多种类型的标记。"注释标记"是最为常用的标记，颜色为墨绿色，主要用于为时间轴中的选定时间点添加注释或注解；"分段标记"的颜色为紫色，可以在视频中定义范围；"Web 链接"标记的颜色为橙色，可以添加提供更多有关影片剪辑选定部分信息的 URL。

步骤04 设置标记名称。双击已添加的标记，打开"标记"对话框，❶在该对话框中输入标记的名称为"拿出茶叶盒"，其他参数保持不变，❷单击"确定"按钮，如下图所示。

步骤05 查看标记信息。返回节目监视器窗口，将鼠标指针移动至墨绿色标记的上方，可看到标记名称和标记所处的时间点，如下图所示。

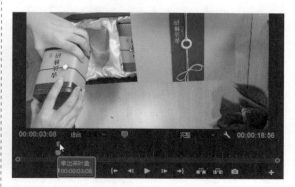

步骤06 添加第二个标记。使用相同的方法，在"00:00:14:01"位置添加视频剪辑的第二个标记，设置其名称为"镜头拉近"，如右图所示。

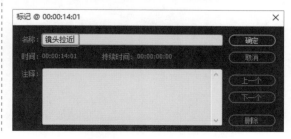

步骤 07 查看第二个标记信息。返回节目监视器窗口，将鼠标指针移动至第二个墨绿色标记的上方，可看到标记名称和标记所处的时间点，如下图所示。

步骤 09 跳转至"拿出茶叶盒"标记处。执行命令后，播放指示器会自动跳转至下一个标记"拿出茶叶盒"位置，同时节目监视器窗口中的视频画面也会跳转至相应的位置，如下图所示。

步骤 11 跳转至"镜头拉近"标记处。播放指示器会自动跳转至"镜头拉近"标记处，同时节目监视器窗口中的视频画面也会发生相应的跳转，如下图所示。

步骤 08 执行"转到下一个标记"命令。❶将播放指示器拖动至"00:00:02:00"位置，❷在标记附近的任意位置右击，在弹出的快捷菜单中执行"转到下一个标记"命令，如下图所示。

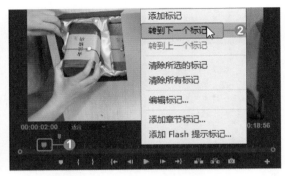

步骤 10 执行"转到上一个标记"命令。❶将播放指示器拖动至"00:00:15:31"位置，❷在标记附近的任意位置右击，在弹出的快捷菜单中执行"转到上一个标记"命令，如下图所示。

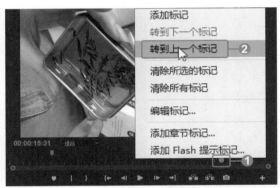

步骤 12 清除"镜头拉近"标记。右击"镜头拉近"标记，在弹出的快捷菜单中执行"清除所选的标记"命令，如下图所示，即可删除所选的标记。

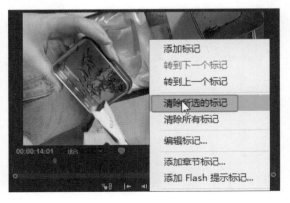

实例6——设置视频剪辑的入点和出点

在商品视频剪辑中，通过标记入点和标记出点，可以设置剪辑的切入和切出，这样不但可以截取某一段视频进行编辑，还可以导出入点与出点之间的视频片段，以突出部分商品特征等。本实例将对视频剪辑的入点和出点的相关操作进行讲解。

原始文件	随书资源 \03\ 素材 \07.prproj
最终文件	随书资源 \03\ 源文件 \ 设置视频剪辑的入点和出点 .prproj

步骤 01 在源监视器窗口中播放视频。打开项目文件 07.prproj，在项目窗口中双击"剃须刀 .mov"素材，使其在源监视器窗口中打开，如下图所示。

步骤 02 单击■按钮。单击"播放 - 停止切换"按钮▶，播放视频。当视频播放到"00:00:02:38"位置时，单击"播放 - 停止切换"按钮■，暂停播放视频，如下图所示。

步骤 03 设置剪辑的入点。暂停视频播放后，单击"标记入点"按钮■，在"00:00:02:38"位置设置视频剪辑的入点，如下图所示。

步骤 04 设置剪辑的出点。使用相同的方法，在"00:00:14:35"位置单击"标记出点"按钮■，设置视频剪辑的出点，如下图所示。

步骤 05 跳转至视频剪辑的入点位置。单击"转到入点"按钮◀，即可跳转至视频剪辑的入点位置，如下左图所示。

步骤 06 改变入点位置。将鼠标指针移至入点上方，当其变成▬形状时，单击并向右拖动入点至"00:00:03:19"位置，如下右图所示。

步骤 07 跳转至视频剪辑的出点位置。单击"转到出点"按钮 ➡️，即可跳转至视频剪辑的出点位置，如下图所示。

步骤 08 改变出点位置。❶将鼠标指针移至出点上方，当鼠标指针变成 ✛ 形状时，❷按住鼠标左键不放，并向左拖动出点至"00:00:10:50"位置，❸此时所截取视频片段的持续时间为"00:00:07:32"，如下图所示。

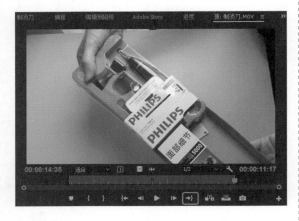

步骤 09 单击"插入"按钮。接下来需要将所截取的视频片段导入时间轴窗口中。如下图所示，在源监视器窗口中单击"插入"按钮 ▣。

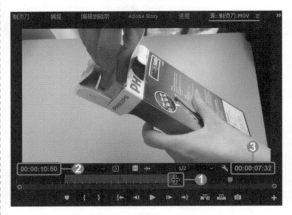

步骤 10 查看时间轴窗口。此时时间轴窗口中显示已导入持续时间为"00:00:07:32"的视频片段，随后可单独针对该视频片段进行编辑，如下图所示。

实例7——使用三点编辑方法编辑视频

三点编辑和四点编辑是通过源监视器窗口将素材片段添加到序列中的方法。先在本实例中讲解三点编辑方法，所谓三点编辑是通过设置两个入点和一个出点，或一个入点和两个出点来选取素材片段并对素材片段在序列中进行定位。

原始文件	随书资源 \03\ 素材 \08.prproj
最终文件	随书资源 \03\ 源文件 \ 使用三点编辑方法编辑视频 .prproj

步骤 01 导入"美甲 1.mp4"素材至时间轴窗口。打开项目文件 08.prproj，将项目窗口中的"美甲 1.mp4"素材拖动至时间轴轨道上，并放大显示素材，如下图所示。

步骤 03 在节目监视器窗口中设置视频剪辑的出点。❶继续拖动播放指示器至"00:00:08:17"位置，❷单击"标记出点"按钮，设置视频剪辑的出点，如下图所示。

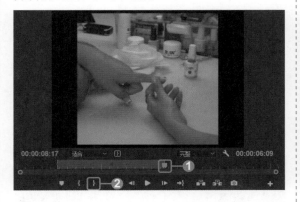

步骤 05 在源监视器窗口中设置视频剪辑的入点。在源监视器窗口中，使用相同的方法设置视频剪辑的入点。在"00:00:03:04"位置单击"标记入点"按钮，如下左图所示。

步骤 02 在节目监视器窗口中设置视频剪辑的入点。在节目监视器窗口中，❶将播放指示器拖动至"00:00:02:09"位置，❷单击"标记入点"按钮，设置视频剪辑的入点，如下图所示。

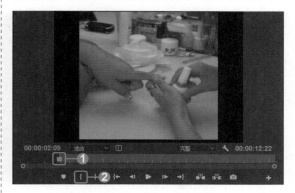

步骤 04 在源监视器窗口中打开"美甲 2.mp4"素材。在项目窗口中双击"美甲 2.mp4"素材，使其在源监视器窗口中打开，打开后的效果如下图所示。

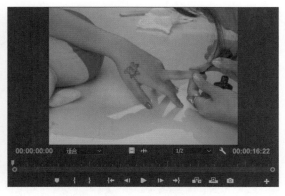

步骤 06 单击"覆盖"按钮。在源监视器窗口中单击"覆盖"按钮，如下右图所示。

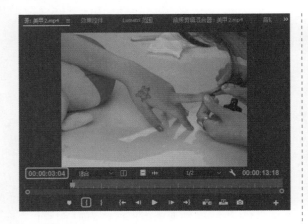 

步骤 07 查看三点编辑结果。在时间轴窗口中查看视频，可以看到"美甲 1.mp4"素材中的一段视频被"美甲 2.mp4"素材中的一段视频替换，"美甲 1.mp4"素材的视频总长度不变，且时间轴窗口中的入点和出点已自动消失，如右图所示。

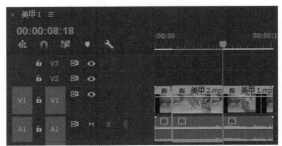

实例8——使用四点编辑方法编辑视频

四点编辑方法与三点编辑方法类似。不同的是，四点编辑方法要比三点编辑方法多考虑一个入点或出点。本实例将介绍如何使用四点编辑方法编辑视频。

原始文件	随书资源 \03\ 素材 \09.prproj
最终文件	随书资源 \03\ 源文件 \ 使用四点编辑方法编辑视频 .prproj

步骤 01 导入"美甲 1.mp4"素材至时间轴窗口。打开项目文件 09.prproj，将项目窗口中的"美甲 1.mp4"素材拖动至时间轴轨道上，并放大显示素材，如下图所示。

步骤 02 在节目监视器窗口中设置视频剪辑的入点。❶将节目监视器窗口中的播放指示器拖动至"00:00:03:02"位置，❷单击"标记入点"按钮 ，设置视频剪辑的入点，如下图所示。

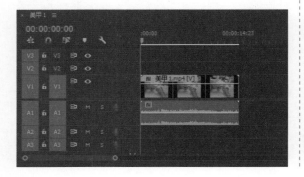 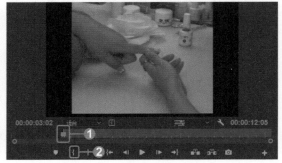

步骤03 在节目监视器窗口中设置视频剪辑的出点。❶将播放指示器拖动至"00:00:09:08"位置，❷单击"标记出点"按钮，设置视频剪辑的出点，此时入点和出点之间的持续时间为"00:00:06:07"，如右图所示。

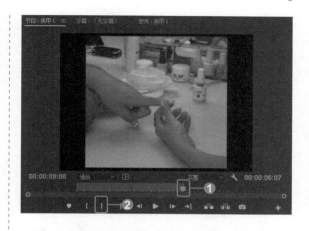

步骤04 在源监视器窗口中设置视频剪辑的入点。双击项目窗口中的"美甲2.mp4"素材，使其在源监视器窗口中打开，❶将播放指示器拖动至"00:00:03:00"位置，❷单击"标记入点"按钮，设置视频剪辑的入点，如下图所示。

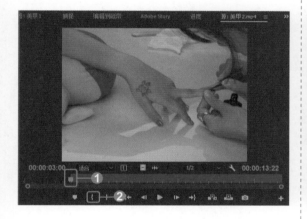

步骤05 在源监视器窗口中设置视频剪辑的出点。❶继续将播放指示器拖动至"00:00:07:27"位置，❷单击"标记出点"按钮，设置视频剪辑的出点，此时入点和出点之间的持续时间为"00:00:04:28"，如下图所示。

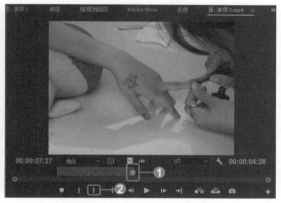

步骤06 在源监视器窗口中更改出点位置。将鼠标指针移至出点上方，当鼠标指针变成形状时，向右拖动鼠标，直至入点和出点之间的持续时间变为"00:00:06:07"，如下图所示。

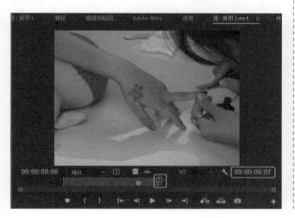

步骤07 单击"覆盖"按钮。在源监视器窗口中单击"覆盖"按钮，如下图所示，打开"适合剪辑"对话框。

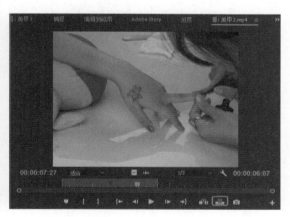

步骤 08 选择适合填充选项。在打开的"适合剪辑"对话框中，❶选中"更改剪辑速度（适合填充）"单选按钮，❷单击"确定"按钮，如下图所示。

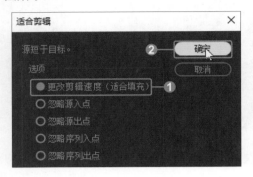

步骤 09 查看四点编辑结果。返回时间轴窗口，可看到"美甲 1.mp4"素材中的一段视频被"美甲 2.mp4"素材中的一段视频替换，且视频持续时间不变，如下图所示。

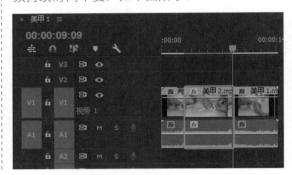

实例9——添加视频剪辑的关键帧

关键帧是指视频动画中呈现关键性动作或内容变化的帧，主要用于定义动画的变化环节。在对网店的商品视频进行剪辑时，可以为视频添加关键帧，并在"效果控件"面板中设置相关参数，使视频图像发生变化，从而达到展示商品不同特性的目的。本实例将通过在"效果控件"面板中添加和设置关键帧，为图片素材设置图像被逐渐放大的效果。

原始文件	随书资源 \03\ 素材 \10.prproj
最终文件	随书资源 \03\ 源文件 \ 添加视频剪辑的关键帧 .prproj

步骤 01 导入"围巾 .jpg"素材至时间轴窗口。打开项目文件 10.prproj，将项目窗口中的"围巾 .jpg"素材拖动至时间轴 V1 轨道上，并放大显示素材，如下图所示。

步骤 02 调整图片素材的持续时间。将鼠标指针移至"围巾 .jpg"素材的结束位置，当鼠标指针变为 ◀ 形状时，向右拖动鼠标，使其持续时间延长至"00:00:10:01"，然后释放鼠标，如下图所示。

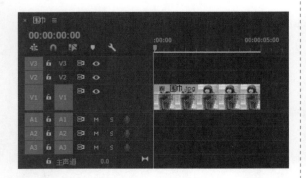

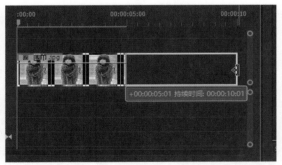

步骤 03 在源监视器窗口中打开"围巾 .jpg"素材。在时间轴窗口中双击"围巾 .jpg"素材，使其在源监视器窗口中打开，打开后的效果如下左图所示。

步骤 04 打开"效果控件"面板。在源监视器窗口中单击"效果控件"标签，打开"效果控件"面板，如下右图所示。

知识拓展

关键帧之间的值是插值，要创建随时间推移的属性变化，应设置至少两个关键帧。一个关键帧对应变化开始的值，另一个关键帧对应变化结束的值。

步骤 05 展开"运动"选项组。在"效果控件"面板中，❶单击"视频效果"选项卡中的"运动"下拉按钮，展开"运动"下拉列表，❷单击"显示/隐藏时间轴视图"按钮◀，打开时间轴视图，如下图所示。

步骤 06 添加关键帧。单击"运动"选项组中"缩放"选项左侧的"切换动画"按钮⟳，在视频开始位置添加关键帧，并保持该关键帧上的参数不变，如下图所示。此时时间轴视图中显示了第一个菱形的关键帧图标。

步骤 07 继续添加关键帧。在"效果控件"面板中，❶将播放指示器拖动至视频"00:00:03:00"位置，❷单击"缩放"选项右侧的"添加/移除关键帧"按钮⟳，添加关键帧，如下图所示。此时时间轴视图中显示了第二个关键帧图标。

步骤 08 单击"缩放"参数。在第二个关键帧位置，将鼠标指针移动至"缩放"选项右侧的数字上，当鼠标指针变为🖐形状时，单击该数字，激活数值框，如下图所示。

步骤 09 设置"缩放"参数。在数值框中输入数字"300",按 Enter 键,完成"缩放"参数的设置,如下图所示。

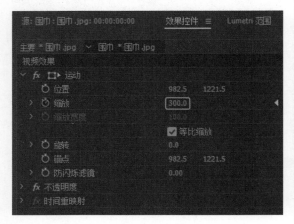

步骤 11 在节目监视器窗口中播放视频查看缩放效果。在节目监视器窗口中单击"播放 - 停止切换"按钮▶,播放视频;当播放至添加的关键帧位置时,两个关键帧之间的图像会呈现逐渐放大显示的效果,如下图所示。

步骤 13 查看关键帧跳转结果。此时时间轴窗口中的播放指示器会自动跳转至上一个关键帧位置,即视频的开始位置,如下图所示。

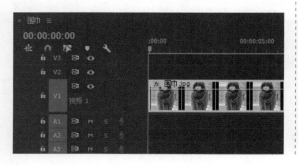

步骤 10 观察节目监视器窗口中的画面。在节目监视器窗口中可以看到视频图像已被放大至300%,如下图所示。

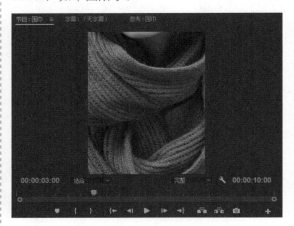

步骤 12 单击"转到上一关键帧"按钮。若要查找关键帧,可在"效果控件"面板中单击"添加 / 移除关键帧"按钮◎左侧的"转到上一关键帧"按钮◀,如下图所示。

步骤 14 删除单个关键帧。若需要删除关键帧,单击"添加 / 移除关键帧"按钮◎,即可删除所选关键帧,如下图所示,此时该位置上的"缩放"值变为300。

技巧提示

除了单击"添加/移除关键帧"按钮删除关键帧外，还可以在"效果控件"选项卡的时间轴视图中右击关键帧，然后执行"清除"命令，删除所选关键帧。如果要删除某选项的所有关键帧，则单击该选项左侧的"切换动画"按钮。

实例10——调整速度控制视频持续时间

处理商品视频时需要根据电商平台的要求调整视频的持续时间，在 Premiere Pro 中可以通过设置视频的播放速度来实现。设置的"速度"值越大，视频持续时间越短；反之，设置的"速度"值越小，视频持续时间越长。本实例将通过设置视频播放速度，控制视频的持续时间。

原始文件	随书资源 \03\ 素材 \11.prproj
最终文件	随书资源 \03\ 源文件 \ 调整速度控制视频持续时间 .prproj

步骤 01 导入"小刀 .mp4"素材至时间轴窗口。打开项目文件 11.prproj，将项目窗口中的"小刀 .mp4"素材拖动至时间轴窗口，并放大显示素材，如下图所示。

步骤 02 执行"速度/持续时间"命令。右击时间轴窗口中的"小刀 .mp4"素材，在弹出的快捷菜单中执行"速度/持续时间"命令，如下图所示。

步骤 03 设置视频播放速度。在打开的"剪辑速度/持续时间"对话框中，❶设置"速度"值为300%，"持续时间"相应变为"00:00:06:03"，❷单击"确定"按钮，完成视频播放速度的设置，如下图所示。

步骤 04 查看视频播放速度的调整结果。设置完成后，返回时间轴窗口，可看到视频持续时间已按照上一步骤的设置缩短了，如下图所示。

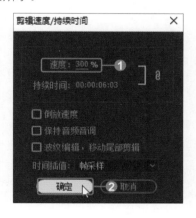

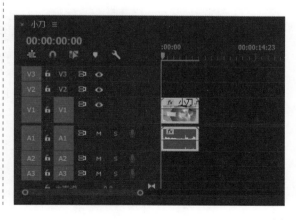

步骤 05 再次执行"速度 / 持续时间"命令。再次右击"小刀 .mp4"素材，在弹出的快捷菜单中执行"速度 / 持续时间"命令，如下图所示，打开"剪辑速度 / 持续时间"对话框。

步骤 06 设置视频倒放。在打开的"剪辑速度 / 持续时间"对话框中，❶设置"速度"值为 500%，视频持续时间变为"00:00:03:16"，❷勾选"倒放速度"复选框，❸单击"确定"按钮，完成视频的倒放设置，如下图所示。

步骤 07 查看视频倒放效果。单击节目监视器窗口中的 ▶ 按钮，播放视频，当视频播放至 "00:00:00:10" 时单击"播放 - 停止切换"按钮 ■，视频图像如下图所示。

步骤 08 继续查看视频倒放效果。单击节目监视器窗口中的"播放 - 停止切换"按钮 ▶，继续播放视频，当视频播放至"00:00:02:00"位置时，效果如下图所示。

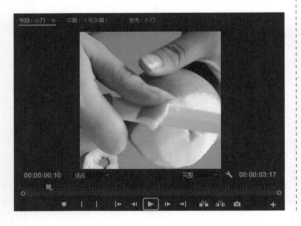

实例11——制作运动的影像

　　在商品视频的剪辑中，可通过操控画面大小、角度或位置等使其运动起来，让视频内容变得更加丰富。本实例将综合运用"剃刀工具""添加标记""关键帧"等编辑工具，制作视频在退出画面时逐渐变小并缓慢旋转的运动效果。

原始文件	随书资源 \03\ 素材 \12.prproj
最终文件	随书资源 \03\ 源文件 \ 制作运动的影像 .prproj

步骤 01 添加视频剪辑的第一个标记。打开项目文件 12.prproj，❶在节目监视器窗口中将播放指示器拖动至视频"00:00:03:21"位置，❷单击节目监视器窗口中的"添加标记"按钮▣，添加第一个标记，如下图所示。

步骤 03 设置第一个标记的名称为"标记1"。在打开的"标记"对话框中，❶设置标记"名称"为"标记1"，❷单击"确定"按钮，如右图所示，完成设置。

步骤 04 继续添加标记。使用相同的方法，在视频的"00:00:08:22"位置添加标记，设置其名称为"标记2"；在视频的"00:00:11:10"位置添加标记，设置其名称为"标记3"；在视频的"00:00:19:15"位置添加标记，设置其名称为"标记4"，如下图所示。

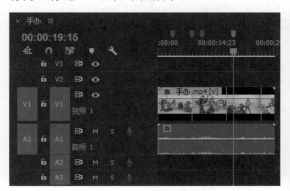

步骤 06 继续切割视频。使用相同的方法，分别在时间轴中的"标记2""标记3""标记4"位置使用"剃刀工具"切割视频，将视频切割成5段，如下左图所示。

步骤 02 双击第一个标记。此时时间轴窗口中的相同位置也显示了所添加的标记，如下图所示。双击该标记，打开"标记"对话框。

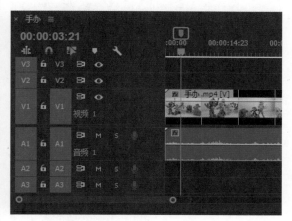

步骤 05 使用"剃刀工具"将视频切割成两段。❶在时间轴窗口左侧的工具面板中单击"剃刀工具"按钮◈，❷单击墨绿色的"标记1"图标▤，播放指示器跳转至"标记1"位置，❸单击时间标识与素材交界的位置，将视频切割成两段，如下图所示。

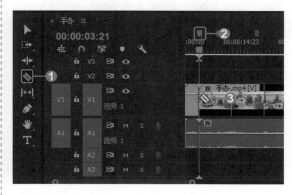

步骤 07 选中要删除的片段。❶在时间轴窗口左侧的工具面板中单击"选择工具"按钮▶，❷按住键盘中的 Shift 键不放，依次单击第1、3、5段视频，如下右图所示。

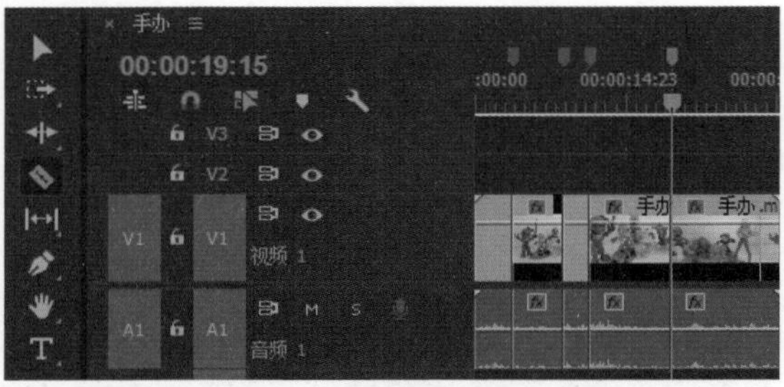

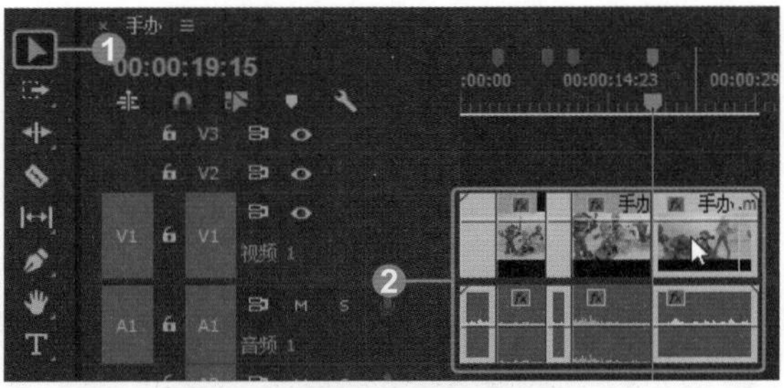

步骤 08 **执行“波纹删除”命令。**右击选中的视频片段，在弹出的快捷菜单中执行“波纹删除”命令，即可将选中的 3 个片段删除，如下图所示。

步骤 09 **在源监视器窗口中打开素材。**在时间轴窗口中双击剩余片段中的第二段视频，在源监视器窗口中打开视频，如下图所示。

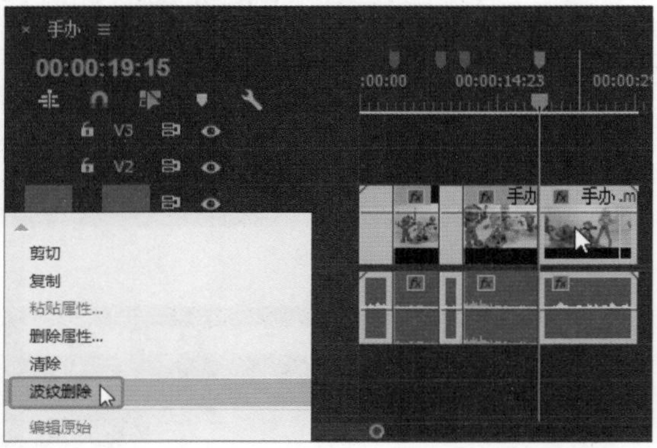

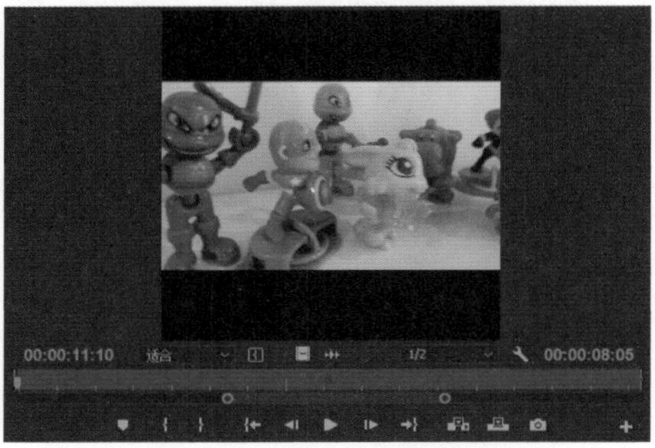

步骤 10 **展开“运动”和“不透明度”选项组。**❶单击源监视器窗口中的“效果控件”标签，打开“效果控件”面板，❷单击“视频效果”选项卡中的“运动”下拉按钮，展开“运动”下拉列表，❸单击“不透明度”下拉按钮，展开“不透明度”下拉列表，如下图所示。

步骤 11 **添加视频第一个变化的关键帧。**将播放指示器拖动至视频“00:00:12:01”位置，❶单击“缩放”选项左侧的“切换动画”按钮，❷单击“旋转”选项左侧的“切换动画”按钮，❸单击“不透明度”选项左侧的“切换动画”按钮，添加关键帧，如下图所示。

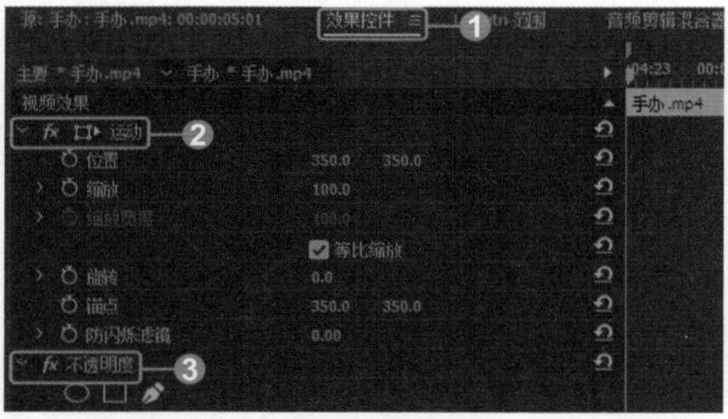

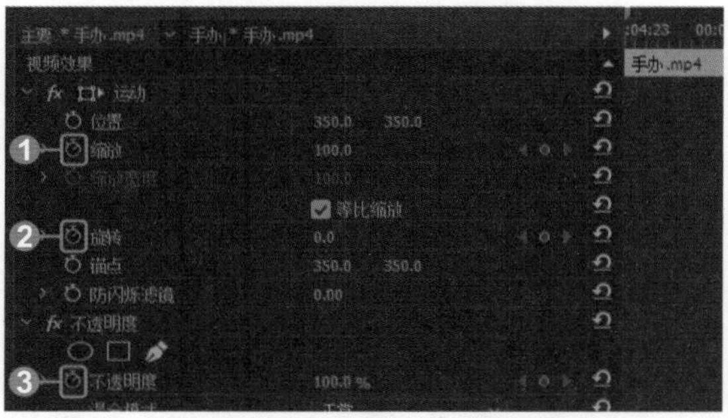

步骤 12 **添加视频第二个变化的关键帧。**拖动播放指示器至“00:00:13:05”位置，❶单击“缩放”选项右侧的“添加/移除关键帧”按钮，❷单击“旋转”选项右侧的“添加/移除关键帧”按钮，❸单击“不透明度”选项右侧的“添加/移除关键帧”按钮，激活关键帧，如下左图所示。

步骤 13 **设置第二个关键帧的变化参数。**将播放指示器继续停留在第二个关键帧位置，并在“视频效果”选项卡中，❶设置“缩放”值为 0，❷设置“旋转”值为 180°，❸设置“不透明度”值为 30%，如下右图所示。

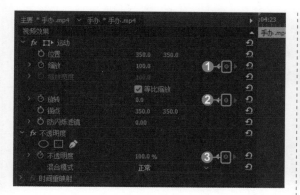

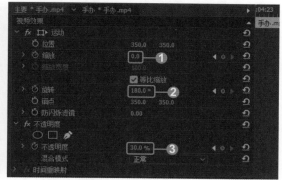

步骤 14 **查看视频运动效果。**在节目监视器窗口中单击"播放 - 停止切换"按钮▶，查看视频运动效果，当视频播放至"00:00:12:04"时单击"播放 - 停止切换"按钮，视频图像效果如下图所示。

步骤 15 **继续查看视频运动效果。**在节目监视器窗口中单击"播放 - 停止切换"按钮▶，继续查看视频运动效果，当视频播放至"00:00:13:00"时的图像效果如下图所示。

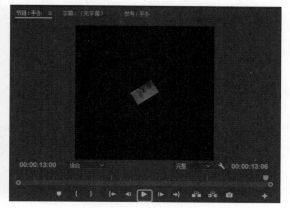

实例12——视频的预演编辑

　　通过对视频进行预演编辑，不仅可以清楚地查看商品视频剪辑的效果，而且能检查视频中是否存在不合理或者不和谐的地方，以便及时处理。本实例将介绍如何对视频进行预演编辑。

原始文件	随书资源 \03\ 素材 \13.prproj
最终文件	随书资源 \03\ 源文件 \ 视频的预演编辑 .prproj

步骤 01 **打开项目文件。**打开项目文件 13.prproj，可以看到时间轴窗口中有一段黄色和红色的渲染条，如下左图所示。

步骤 02 **添加剪辑的入点和出点。**在时间轴窗口中，确保播放指示器位于视频开始处，单击节目监视器窗口中的"标记入点"按钮；拖动播放指示器至视频末尾处，单击"标记出点"按钮。设置剪辑的入点和出点后的时间轴窗口如下右图所示。

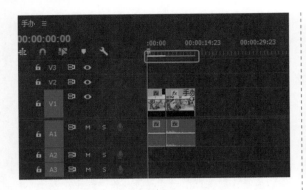

步骤 03 执行"渲染入点到出点"菜单命令。设置好剪辑的入点和出点后，需要对入点和出点之间的部分进行渲染。执行"序列 > 渲染入点到出点"菜单命令，如下图所示。

步骤 04 渲染入点到出点间的剪辑。执行菜单命令后，打开"渲染"对话框，可以看到渲染的进度，如下图所示。

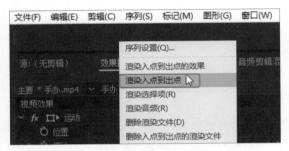

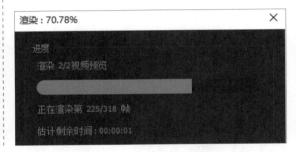

知识拓展

　　在视频剪辑过程中，常常会看到时间轴上方显示红色、黄色或绿色的渲染条。其中，红色渲染条表示该部分剪辑未经渲染，且只有经过渲染后，视频才能以全帧速率回放；黄色渲染条也表示该部分剪辑未经渲染，但可能不用经过渲染就能以全帧速率回放剪辑；绿色渲染条则表示该部分剪辑无须渲染或已经渲染成功。

步骤 05 查看渲染结果。渲染完成后，系统会自动播放视频。观察时间轴窗口，可以看见原本黄色和红色的渲染条此时均变为绿色，即代表渲染成功，如下图所示。

步骤 06 单击"播放 - 停止切换"按钮对视频进行预演。单击节目监视器窗口中的"播放 - 停止切换"按钮▶，即可对整个视频剪辑进行预演，如下图所示。

技巧提示

　　本实例为对整个视频剪辑进行预演，若只需对入点和出点之间的视频剪辑进行预演，可单击"从入点到出点播放视频"按钮 。

实例13——导出剪辑好的视频

　　将剪辑好的视频导出是视频剪辑工作中非常重要的操作。在 Premiere Pro 中，可以根据不同电商平台对视频的要求，选择以不同的剪辑范围和格式导出视频文件。本实例将详细介绍如何导出制作好的视频文件。

原始文件	随书资源 \03\ 素材 \14.prproj
最终文件	随书资源 \03\ 源文件 \ 导出剪辑好的视频 .mp4

步骤 01 打开项目文件。打开项目文件 14.prproj，时间轴窗口中显示剪辑的切入和切出范围包括整个视频剪辑，如下图所示。

步骤 02 改变入点位置。将鼠标移至节目监视器窗口中的入点上方，当鼠标指针变成 ➕ 形状时，按住鼠标左键不放，并向右拖动入点至"00:00:04:01"位置，如下图所示。此时入点和出点间的持续时间为"00:00:09:00"。

步骤 03 执行"文件 > 导出 > 媒体"菜单命令。执行"文件 > 导出 > 媒体"菜单命令，或按快捷键 Ctrl+M，如下图所示。

步骤 04 查看"导出设置"对话框。执行菜单命令后，打开"导出设置"对话框，在其中可设置视频导出的相关参数，如下图所示。

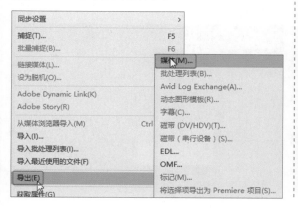

步骤 05 设置视频导出的格式。在"导出设置"对话框中，❶单击"导出设置"选项组中的"格式"下拉列表框，❷在弹出的下拉列表中单击H.264 选项，如下图所示。

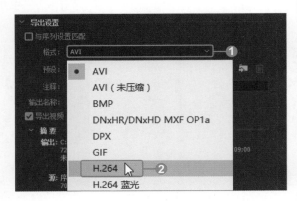

步骤 06 查看格式设置结果。此时可看到"导出设置"选项组中的"预设"参数变为"匹配源 - 高比特率"，同时左侧视频的输出预览图像也相应改变，如下图所示。

步骤 07 打开"另存为"对话框。将鼠标指针移动至"输出名称"右侧的蓝色文字上，单击该区域，如下图所示，即可打开"另存为"对话框。

步骤 08 设置视频的导出位置和名称。在"另存为"对话框中，❶选择视频的导出路径，❷设置"文件名"为"导出剪辑好的视频 .mp4"，❸单击"保存"按钮，如下图所示。

步骤 09 查看名称设置结果。返回"导出设置"对话框，显示"输出名称"已变为"导出剪辑好的视频 .mp4"，如下图所示。

步骤 10 设置音频导出的声道模式。在"导出设置"对话框的"音频"选项卡中，❶单击"声道"下拉列表框，❷在展开的下拉列表中单击"单声道"选项，如下图所示。

步骤 11 勾选"使用最高渲染质量"复选框。 在"导出设置"对话框中勾选"使用最高渲染质量"复选框，如下图所示。这样可得到更高的画质，但也会相应延长编码时间。

步骤 12 单击"导出"按钮。 设置好视频导出的格式、位置及名称后，其他参数保持不变，单击"导出设置"对话框下方的"导出"按钮，如下图所示。

步骤 13 等待视频导出成功。 打开"编码 手办"对话框，在该对话框中可看到视频导出的进度，如下图所示。待进度条行进至 100% 时，即表示视频导出成功了。

步骤 14 查看导出结果。 打开存储导出视频的文件夹，可以看到"导出剪辑好的视频 .mp4"，如下图所示。双击该文件，即可播放视频。

技巧提示

在"导出设置"对话框中，可以单击输出预览区域下方的"源范围"下拉列表框，并在展开的下拉列表中选择"整个序列""自定义""工作区域"等选项，以对视频导出的范围进行设置。

读书笔记

第 4 章
处理视频广告的基本画面问题

通过上一章的学习，大家已经可以对视频进行简单编辑，本章将学习如何使用 Premiere Pro 处理因拍摄时未考虑周全而出现的视频图像过暗、暴露隐私信息、背景杂乱等问题。

实例14——调整亮度突出商品效果

画面的亮度会影响视频画面中的商品细节展示，当拍摄的视频素材画面太亮或太暗时，都需要对其亮度进行调整，使商品能更清楚地呈现在观者眼前。在 Premiere Pro 中，应用"视频效果"中的"亮度与对比度"可以快速调整视频画面的亮度。本实例就将应用这一功能调整素材图像的亮度。

原始文件	随书资源 \04\ 素材 \01.prproj	
最终文件	随书资源 \04\ 源文件 \ 调整亮度突出商品效果 .prproj	

步骤 01 在源监视器窗口中打开素材。打开项目文件，在时间轴窗口中双击"饰品 .jpg"素材，使其在源监视器窗口中打开，如下图所示。

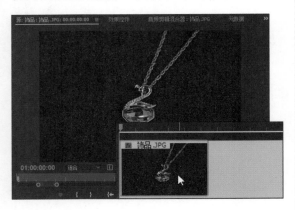

步骤 02 展开"视频效果"选项组。在工作区右侧的"效果"面板中，单击"视频效果"下拉按钮，展开"视频效果"选项组，如下图所示。

步骤 03 展开"颜色校正"下拉列表。在"视频效果"选项组中，单击"颜色校正"下拉按钮，如右图所示。

步骤 04 单击"亮度与对比度"效果。在展开的"颜色校正"下拉列表中单击"亮度与对比度"效果，如下图所示。

步骤 05 应用"亮度与对比度"效果。按住"亮度与对比度"效果不放，将其拖动至时间轴中的"饰品 .jpg"素材上，如下图所示，释放鼠标，应用"亮度与对比度"效果。

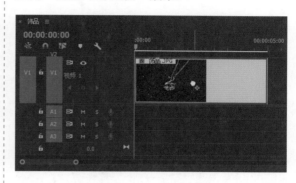

步骤 06 打开"效果控件"面板。单击源监视器窗口中的"效果控件"标签，展开"效果控件"面板，在面板下方显示应用的"亮度与对比度"效果，如下图所示。

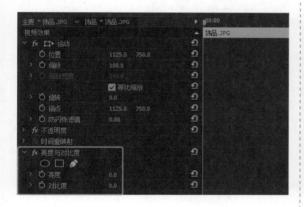

步骤 07 调整画面整体亮度。❶在"亮度与对比度"选项组中设置"亮度"值为 60，❷设置"对比度"值为 40，如下图所示。

步骤 08 查看画面效果。观察节目监视器窗口画面，可以看到应用"亮度与对比度"效果后的图像效果，如下图所示。

步骤 09 创建椭圆形蒙版。单击"创建椭圆形蒙版"按钮◎，创建椭圆形蒙版，在节目监视器窗口中显示默认的蒙版范围，如下图所示。

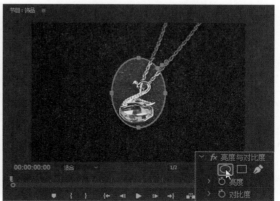

51

步骤 10 改变蒙版位置和形状。单击并拖动蒙版图形调整其位置，然后将鼠标移至蒙版图形边缘位置，单击并拖动以调整蒙版轮廓形状，调整后的效果如下图所示。

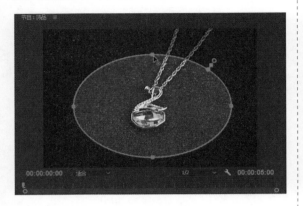

步骤 12 查看局部提亮效果。根据设置的蒙版选项，调整蒙版区域内的图像，在节目监视器窗口中可看到中间部分的饰品变得更明亮，如右图所示。

步骤 11 改变蒙版参数值。❶在"效果控件"面板中设置"蒙版羽化"值为 550，❷"蒙版不透明度"值为 85%，❸"蒙版扩展"值为 75，如下图所示。

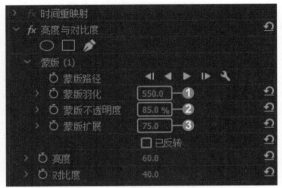

实例15——校正颜色使画面更和谐

颜色对视频整体效果的影响非常大，若视频画面的颜色问题处理得不好，不仅不能完美地展示商品，而且会导致商品无人问津。本实例将使用"颜色平衡"效果，校正商品视频素材中的颜色问题。

原始文件	随书资源 \04\ 素材 \02.prproj
最终文件	随书资源 \04\ 源文件 \ 校正颜色使画面更和谐 .prproj

步骤 01 导入素材至时间轴窗口。打开项目文件 02.prproj，将项目窗口中的"婚纱 .jpg"素材拖动至时间轴窗口中序列"2"的 V1 轨道上，并放大显示素材，如右图所示。

步骤02 单击"颜色平衡"效果。在工作区右侧的"效果"面板中，❶单击"视频效果"选项组中的"颜色校正"下拉按钮，❷在展开的下拉列表中单击"颜色平衡"效果，如下图所示。

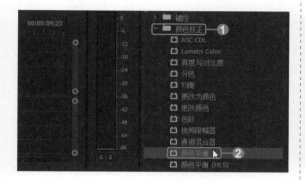

步骤03 应用"颜色平衡"效果。按住"颜色平衡"效果不放，将其拖动至时间轴窗口中的"婚纱.jpg"素材上方，当鼠标指针变为形状时，释放鼠标，应用"颜色平衡"效果，如下图所示。

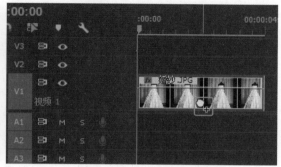

步骤04 在源监视器窗口中打开素材。双击时间轴窗口中的"婚纱.jpg"素材，在源监视器窗口中打开素材图像，效果如下图所示。

步骤05 打开"效果控件"面板。单击源监视器窗口中的"效果控件"标签，展开"效果控件"面板，可看到"颜色平衡"选项组，如下图所示。

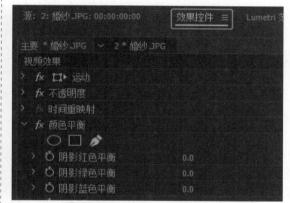

步骤06 设置"阴影红色平衡"参数。在"颜色平衡"选项组中，设置"阴影红色平衡"值为15，如下图所示。

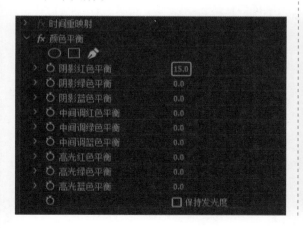

步骤07 查看颜色调整效果。在节目监视器窗口中查看设置后的画面，可以看到调整颜色后的图像效果，如下图所示。

步骤 08 设置"阴影绿色平衡"参数。在"颜色平衡"选项组中，设置"阴影绿色平衡"值为 -27，如下图所示。

步骤 09 查看颜色调整效果。在节目监视器窗口中观察画面，可以看到调整后的图像颜色变得更加鲜艳，效果如下图所示。

步骤 10 设置"阴影蓝色平衡"参数。在"颜色平衡"选项组中，❶设置"阴影蓝色平衡"值为 12，❷勾选"保持发光度"复选框，如下图所示。

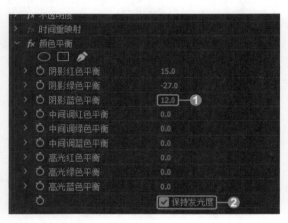

步骤 11 查看颜色调整效果。在节目监视器窗口中可看到图像整体效果变得更加鲜艳、梦幻，同时又未改变婚纱本身的颜色，如下图所示。

实例16——裁剪画面多余部分

　　商品视频素材在拍摄时容易出现因背景内容过多而导致商品主体不够突出的情况，在后期处理时，可以应用"裁剪"效果修剪素材画面中多余的部分，使商品主体变得更加醒目、突出。本实例将讲解如何使用"裁剪"效果裁剪画面。

原始文件	随书资源 \04\ 素材 \03.prproj
最终文件	随书资源 \04\ 源文件 \ 裁剪画面多余部分 .prproj

步骤 01 **导入"硬盘.jpg"素材至时间轴窗口。**
打开项目文件 03.prproj，将项目窗口中的"硬盘.jpg"素材拖动至时间轴窗口中序列"3"的 V1 轨道上，并释放鼠标。此时节目监视器窗口中的画面如下图所示，可以看到商品图像在画面中显示不完全。

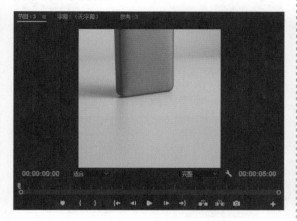

步骤 02 **设置素材的缩放值。** 在时间轴窗口中选中"硬盘.jpg"素材，在源监视器窗口中打开"效果控件"面板，并在"运动"选项组中设置素材的"缩放"值为 78，如下图所示。

步骤 03 **单击"裁剪"效果。** 在"效果"面板中，❶单击"视频效果"选项组中的"变换"下拉按钮，❷在展开的下拉列表中单击"裁剪"效果，如下图所示。

步骤 04 **应用"裁剪"效果。** 按住"裁剪"效果不放，将其拖动至时间轴窗口中的"硬盘.jpg"素材上方，释放鼠标，应用"裁剪"效果，如下图所示。

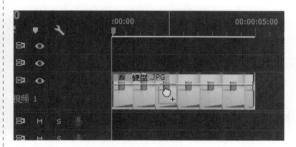

步骤 05 **设置"裁剪"参数。** 在"效果控件"面板的"裁剪"选项组中，❶设置"顶部"值为 4%，❷设置"底部"值为 44%，如下图所示。

步骤 06 **查看裁剪效果。** 设置"裁剪"参数后，在节目监视器窗口中查看裁剪后的效果，如下图所示。

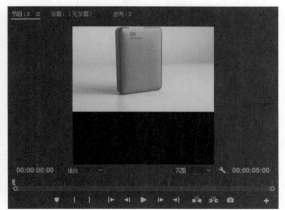

步骤 07 双击节目监视器窗口中的图像。在节目监视器窗口中双击图像，会出现蓝色变换框，如下图所示。

步骤 08 拖动图像调整位置。按住蓝色变换框的任意位置不放，拖动图像至视频画面中间位置，并释放鼠标，即可完成视频图像的裁剪工作，如下图所示。

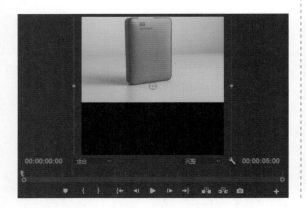
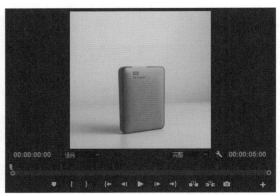

实例17——用马赛克隐藏敏感信息

应用"马赛克"效果可以有效隐藏商品图像中的敏感信息。在 Premiere Pro 中，"马赛克"效果主要使用纯色矩形填充图像，可用于模拟低分辨率的显示效果，使原始图像像素化。本实例将讲解如何在视频中添加"马赛克"效果，隐藏商品品牌信息。

原始文件	随书资源 \04\ 素材 \04.prproj	
最终文件	随书资源 \04\ 源文件 \ 用马赛克隐藏敏感信息 .prproj	

步骤 01 导入素材至时间轴窗口。打开项目文件 04.prproj，将项目窗口中的"零件 .tif"素材拖动至序列"4"的 V1 轨道上，并放大显示素材，如下图所示。

步骤 02 设置素材缩放级别。❶单击节目监视器窗口中的"选择缩放级别"下拉按钮，❷在弹出的下拉列表中单击 100% 选项，如下图所示。

步骤 03 观察需要隐藏信息的图像位置。执行上一步操作后，将图像放大显示，能够清楚地看到图像中出现的品牌标识，如下左图所示。

步骤 04 单击"马赛克"效果。在"效果"面板中，❶单击"视频效果"选项组中的"风格化"下拉按钮，❷在展开的下拉列表中单击"马赛克"效果，如下右图所示。

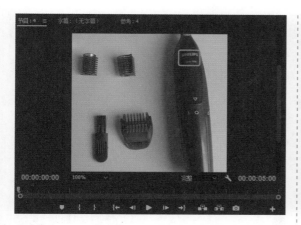

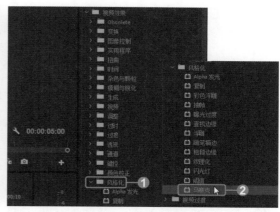

步骤 05 应用"马赛克"效果。按住"马赛克"效果不放，将其拖动至时间轴窗口中的"零件.tif"素材上方，如下图所示。当鼠标指针变为形状时，释放鼠标，应用"马赛克"效果。

步骤 06 观察节目监视器窗口中的画面。在节目监视器窗口中查看图像，可以看到整个画面被马赛克图案所覆盖，如下图所示。

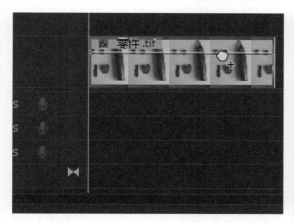

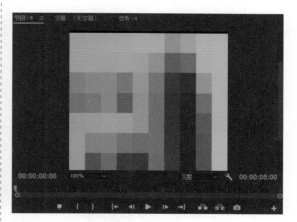

步骤 07 在源监视器窗口中打开素材。双击时间轴窗口中的"零件.tif"素材，使其在源监视器窗口中打开，如下图所示。

步骤 08 打开"效果控件"面板。在源监视器窗口中单击"效果控件"标签，打开"效果控件"面板，如下图所示。

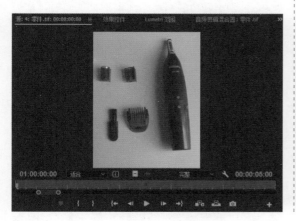

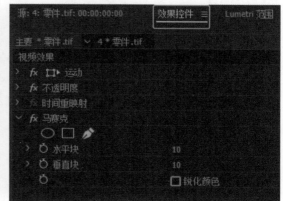

步骤 09 创建椭圆形蒙版。在"马赛克"选项组中单击"创建椭圆形蒙版"按钮，添加蒙版，如下图所示。

步骤 10 查看蒙版添加效果。创建蒙版后，在节目监视器窗口中可看到覆盖了马赛克图案的椭圆形蒙版图形。如下图所示，❶单击"选择缩放级别"下拉按钮，❷在弹出的下拉列表中单击 200% 选项。

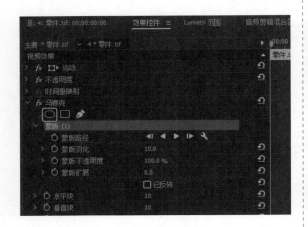

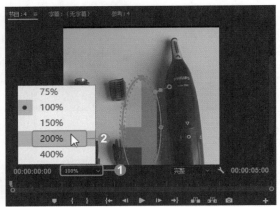

步骤 11 调整蒙版覆盖品牌标识。添加蒙版后，需要在节目监视器窗口中调整蒙版的形状、大小和位置。单击并拖动蒙版，变换其大小和位置，使之刚好能够遮住图像中的商品品牌标识，如下图所示。

步骤 12 设置"马赛克"参数。在"效果控件"面板中，❶设置"马赛克"选项组中的"水平块"值为 30，❷"垂直块"值为 40，如下图所示。

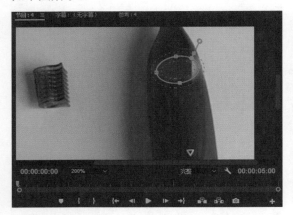

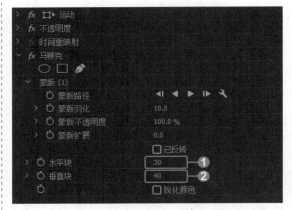

步骤 13 查看马赛克添加效果。观察节目监视器窗口，通过"马赛克"效果隐藏了图像中的品牌信息，如右图所示。

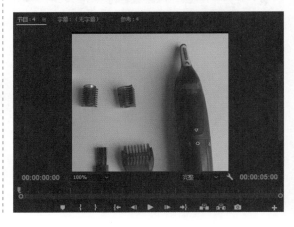

知识拓展

除了应用"创建椭圆形蒙版"工具创建蒙版外，还可以使用"创建四点多边形蒙版"和"自由绘制贝塞尔曲线"工具创建蒙版，为视频添加不同形状的局部马赛克效果。

实例18——用高斯模糊虚化背景

在视频编辑过程中应用"高斯模糊"效果，可以对画面中的部分图像进行模糊和柔化处理，避免整个视频画面内容过于丰富的情况，使需要表现的商品主体被突显出来。本实例将讲解如何使用"高斯模糊"效果虚化图像背景。

原始文件	随书资源 \04\ 素材 \05.prproj
最终文件	随书资源 \04\ 源文件 \ 用高斯模糊虚化背景 .prproj

步骤 01 导入素材至时间轴窗口。打开项目文件05.prproj，将项目窗口中的"保温杯 .jpg"素材拖动至序列"5"的 V1 轨道上，并放大显示素材，如下图所示。

步骤 02 在源监视器窗口中打开素材。在时间轴窗口中双击"保温杯 .jpg"素材，使其在源监视器窗口中打开，打开后的效果如下图所示。

步骤 03 单击"高斯模糊"效果。在"效果"面板中，❶单击"视频效果"选项组中的"模糊与锐化"下拉按钮，❷在展开的下拉列表中单击"高斯模糊"效果，如下图所示。

步骤 04 应用"高斯模糊"效果。按住"高斯模糊"效果不放，将其拖动至时间轴窗口中的"保温杯 .jpg"素材上方，当鼠标指针变为 形状时，如下图所示，释放鼠标，应用"高斯模糊"效果。

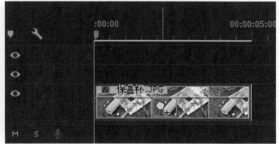

步骤 05 打开"效果控件"面板。在源监视器窗口中单击"效果控件"标签，打开"效果控件"面板，如下左图所示。

步骤 06 单击"自由绘制贝塞尔曲线"按钮。在"高斯模糊"选项组中单击"自由绘制贝塞尔曲线"按钮，显示"蒙版（1）"选项，如下右图所示。

步骤 07 初步绘制高斯模糊的大致范围。在节目监视器窗口中，先粗略绘制蒙版图形，使蒙版大致能包围保温杯边缘，如下图所示。

步骤 08 设置素材的缩放级别。在节目监视器窗口中，❶单击"选择缩放级别"下拉按钮，❷在展开的下拉列表中单击50%选项，如下图所示。

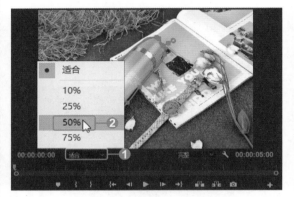

步骤 09 精细绘制蒙版图形。将素材放大显示后，用鼠标继续调整蒙版图形，使其更加贴合保温杯的外形，如下图所示。

步骤 10 查看精细变换结果。使用相同的方法，将素材的缩放级别设置为"适合"，继续调整蒙版图形，使得到的蒙版图形与画面中保温杯的外形更加一致，如下图所示。

步骤 11 设置"高斯模糊"参数。在"效果控件"面板的"高斯模糊"选项组中，❶设置"蒙版羽化"值为 39，❷"蒙版不透明度"值为 88%，❸"模糊度"值为 98，如右图所示。

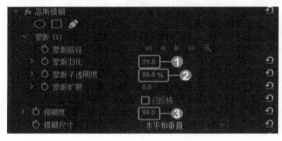

步骤 12 **查看蒙版模糊效果。** 在节目监视器窗口中，查看设置蒙版选项并模糊后的画面，可以看到对图像中的保温杯部分应用了模糊效果，如下图所示。

步骤 14 **查看高斯模糊效果。** 在节目监视器窗口中查看图像，能够看到对背景部分应用了模糊效果，保温杯变得更加突出，如右图所示。

步骤 13 **勾选"已反转"复选框。** 在"效果控件"面板的"高斯模糊"选项组中，勾选"已反转"复选框，如下图所示。

读书笔记

第5章
网店视频中的视频效果应用

通过前面所学知识处理好视频画面基本问题之后，还可以根据不同商品的性质及画面需求，为视频添加一种或多种视频效果滤镜，创建更丰富的视频效果。本章将详细地讲解如何为网店视频添加不同的视频效果。

实例19——应用"垂直翻转"变换视频图像方向

应用"变换"效果，可将商品视频图像进行水平或垂直翻转，一方面可以改变商品在视频中的运动方向；另一方面，还可以变换视角突出商品的卖点。本实例将对视频的整体翻转和局部翻转进行讲解。

原始文件	随书资源 \05\ 素材 \01.prproj
最终文件	随书资源 \05\ 源文件 \ 应用"垂直翻转"变换视频图像方向 .prproj

步骤 01 导入素材至时间轴窗口。打开项目文件 01.prproj，将项目窗口中的"工具展示 .mov"素材拖动至时间轴窗口中，如下图所示。

步骤 02 在节目监视器窗口中查看素材。此时可以在节目监视器窗口中查看"工具展示 .mov"素材，效果如下图所示。

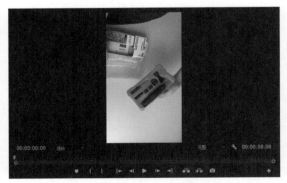

步骤 03 单击"垂直翻转"效果。在"效果"面板中，❶单击"视频效果"选项组中的"变换"下拉按钮，❷在展开的下拉列表中单击"垂直翻转"效果，如右图所示。

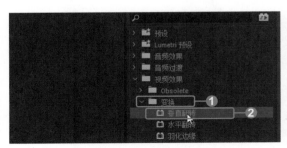

步骤 04 应用"垂直翻转"效果。按住"垂直翻转"效果不放，将其拖动至时间轴窗口中的"工具展示.mov"素材上方，如下图所示。释放鼠标，应用"垂直翻转"效果。

步骤 05 查看垂直翻转效果。在节目监视器窗口中查看视频，可以看到垂直翻转后的视频效果，如下图所示。

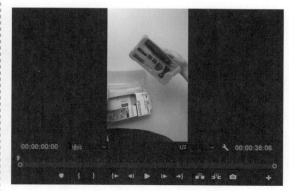

步骤 06 创建4点多边形蒙版。打开"效果控件"面板，单击"垂直翻转"选项组中的"创建4点多边形蒙版"按钮 ■，创建蒙版，显示"蒙版（1）"选项组，如下图所示。

步骤 07 查看原始蒙版。单击"效果控件"面板中的"蒙版（1）"选项，在节目监视器窗口中可看到视频画面中显示了一个四边形的蒙版，如下图所示。

步骤 08 调整蒙版范围。移动鼠标指针至四边形蒙版的边角处，当鼠标指针变为 ▶ 形状时，向四边形外部拖动鼠标。下图所示为改变形状后的蒙版图形。

步骤 09 调整序列。执行"序列 > 序列设置"菜单命令，❶在打开的对话框中设置"水平"值为 800，❷"垂直"值为 800，如下图所示，设置后单击"确定"按钮。

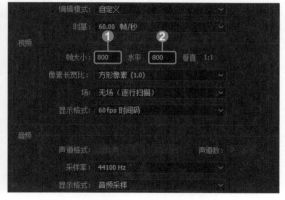

步骤 10 **缩放查看效果。** 打开"效果控件"面板，❶在"视频效果"选项组中设置"缩放"为75%，双击节目监视器窗口中的图像，❷调整监视器窗口中的图像显示区域，显示翻转部分的视频效果，如右图所示。

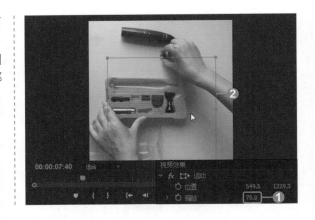

实例20——应用"旋转"制作图像扭曲效果

在商品视频编辑中应用"旋转"效果，可以通过设置商品图像的旋转中心、旋转半径及旋转角度，使视频在整体或局部图像上产生扭曲变化，从而使商品在图像中的表现形式更加特别。本实例将对制作视频扭曲变形效果的相关操作进行讲解。

原始文件	随书资源 \05\ 素材 \02.prproj
最终文件	随书资源 \05\ 源文件 \ 应用"旋转"制作图像扭曲效果 .prproj

步骤 01 **在源监视器窗口中打开素材。** 打开项目文件 02.prproj，在时间轴窗口中双击"彩色杯 .jpg"素材，使其在源监视器窗口中打开，如下图所示。

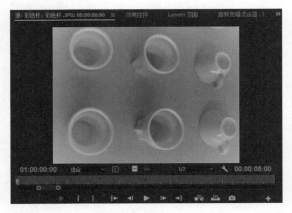

步骤 02 **单击"旋转"效果。** 在"效果"面板中，❶单击"视频效果"选项组中的"扭曲"下拉按钮，❷在展开的下拉列表中单击"旋转"效果，如下图所示。

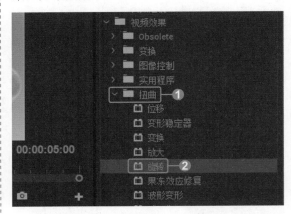

步骤 03 **应用"旋转"效果。** 按住"旋转"效果不放，将其拖动至时间轴窗口中的"彩色杯 .jpg"素材上方，当鼠标指针变为 形状时，如右图所示，释放鼠标，应用"旋转"效果，并保持播放指示器定位于视频开始位置不变。

步骤 04 添加第一个关键帧。❶在源监视器窗口中单击"效果控件"标签，打开"效果控件"面板。❷在"视频效果"选项组中单击"角度"选项左侧的"切换动画"按钮🕙，❸单击"旋转扭曲半径"选项左侧的"切换动画"按钮🕙，添加视频剪辑的第一个关键帧，如下图所示。

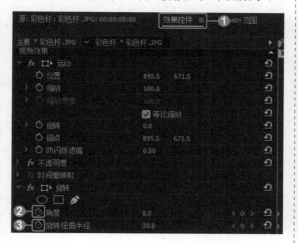

步骤 05 选择"旋转"效果的第二个关键帧的位置。在时间轴窗口中按住播放指示器█不放，将其拖动至"00:00:02:08"位置，如下图所示。

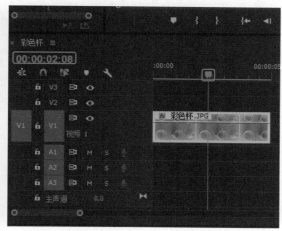

步骤 06 添加第二个关键帧并设置"角度"值。在"效果控件"面板中，❶单击"角度"选项右侧的"添加／移除关键帧"按钮🔘，添加关键帧，❷设置"角度"值为47°，如下图所示。

步骤 07 设置第二个关键帧的"旋转扭曲半径"参数。在"旋转"选项组中，❶单击"旋转扭曲半径"选项右侧的"添加／移除关键帧"按钮🔘，❷设置"旋转扭曲半径"值为100，如下图所示。

步骤 08 设置第二个关键帧的"旋转扭曲中心"参数。在"旋转"选项组中，单击"旋转扭曲中心"选项左侧的"切换动画"按钮🕙，并保持其参数值不变，如下图所示。

步骤 09 选择"旋转"效果的第三个关键帧的位置。在时间轴窗口中按住播放指示器█不放，将其拖动至"00:00:04:00"位置，如下图所示。

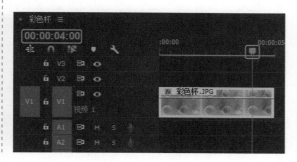

步骤 10 添加第三个关键帧并设置"角度"值。在"效果控件"面板中，❶单击"角度"选项右侧的"添加 / 移除关键帧"按钮 ◉ ，添加关键帧，❷设置"角度"值为 -96°，如下图所示。

步骤 11 设置第三个关键帧的"旋转扭曲半径"参数。在"旋转"选项组中，❶单击"旋转扭曲半径"选项右侧的"添加 / 移除关键帧"按钮 ◉ ，❷设置"旋转扭曲半径"值为 87，如下图所示。

步骤 12 设置第三个关键帧的"旋转扭曲中心"参数。在"旋转"选项组中，❶单击"旋转扭曲中心"选项右侧的"添加 / 移除关键帧"按钮 ◉ ，❷设置"旋转扭曲中心"值为 1031.5、695.5，如下图所示。

步骤 13 查看视频旋转扭曲效果。在节目监视器窗口中单击"播放 - 停止切换"按钮 ▶ ，播放视频，当视频播放至"00:00:02:00"处时，图像效果如下图所示。

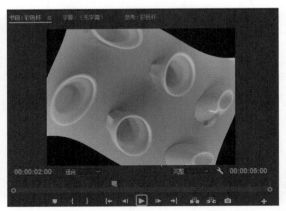

步骤 14 继续查看旋转扭曲效果。继续播放视频，当视频播放至"00:00:04:07"处时，图像效果如右图所示。

知识拓展

在"旋转"选项组中，"角度"选项用于控制图像旋转扭曲的程度，"旋转扭曲半径"选项用于控制旋转操作与旋转中心之间的距离，"旋转扭曲中心"选项用于设置旋转的中心位置。

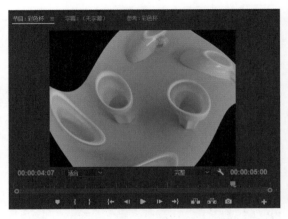

实例21——应用"波形变形"制作流动画面效果

在商品视频编辑中应用"波形变形"效果，可以使商品图像产生运动的波浪起伏状外观。通过设置"波形类型"等选项，可以控制画面扭曲程度。本实例将通过应用"波形变形"效果，使视频图像以波形流动方式进入画面。

原始文件	随书资源 \05\ 素材 \03.prproj
最终文件	随书资源 \05\ 源文件 \ 应用"波形变形"制作流动画面效果 .prproj

步骤 01 单击"波形变形"效果。打开项目文件 03.prproj，在"效果"面板中，❶单击"视频效果"选项组中的"扭曲"下拉按钮，❷在展开的下拉列表中单击"波形变形"效果，如下图所示。

步骤 02 应用"波形变形"效果。按住"波形变形"效果不放，将其拖动至时间轴窗口中的"剃须刀 .mov"素材上方，如下图所示。释放鼠标，应用"波形变形"效果。

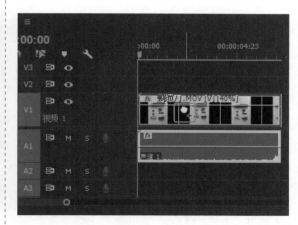

步骤 03 选择波形变形的类型。保持播放指示器定位于视频第一帧位置不变，在"效果控件"面板中，❶单击"波形类型"下拉按钮，❷在展开的下拉列表中单击"三角形"选项，更改波形变形的类型，如下图所示。

步骤 04 添加第一个关键帧并设置波形变形的高度和宽度。在"波形变形"选项组中，❶单击"波形高度"选项左侧的"切换动画"按钮，❷设置"波形高度"值为 70，❸单击"波形宽度"选项左侧的"切换动画"按钮，❹设置"波形宽度"值为 50，如下图所示。

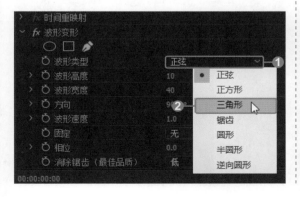

步骤 05 设置第一个关键帧的波形变形方向与速度。①设置"方向"值为0°，②单击"波形速度"选项左侧的"切换动画"按钮 🕘，③设置"波形速度"值为8.4，如下图所示。

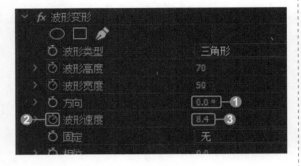

步骤 07 添加第二个关键帧。在"效果控件"面板中，①单击"波形高度"选项右侧的"添加/移除关键帧"按钮 🔘，添加关键帧，②单击"波形宽度"选项右侧的"添加/移除关键帧"按钮 🔘，③单击"波形速度"选项右侧的"添加/移除关键帧"按钮 🔘，启用关键帧属性，如下图所示。

步骤 09 查看"波形变形"的效果。单击节目监视器窗口中的"播放-停止切换"按钮，播放视频，当视频播放至"00:00:00:04"位置时，图像效果如下图所示。

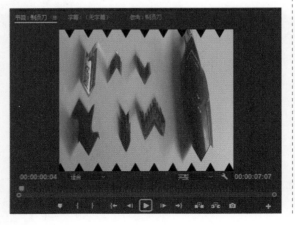

步骤 06 选择"波形变形"效果的第二个关键帧的位置。在时间轴窗口中单击播放指示器 📥，将其拖动至视频"00:00:02:04"位置，如下图所示。

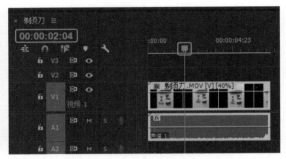

步骤 08 设置第二个关键帧的相关参数值。在"效果控件"面板中，①设置"波形变形"选项组中的"波形高度"值为0，②设置"波形宽度"值为300，③设置"波形速度"值为0，如下图所示。

步骤 10 继续查看"波形变形"的效果。继续播放视频，当视频播放至"00:00:01:08"位置时，图像效果如下图所示。

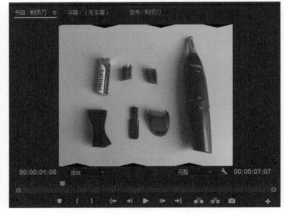

实例 22——应用"球面化"制作凸面镜

在网店的商品视频中，经常需要突出商品的部分特征，这时就可以应用 Premiere Pro 中的"球面化"效果进行处理。该效果通过将图像区域包裹到球面上来扭曲图像，从而放大视频中的重要商品信息。本实例将应用"球面化"效果，制作凸面镜来突出画面中的商品。

原始文件	随书资源 \05\ 素材 \04.prproj
最终文件	随书资源 \05\ 源文件 \ 应用"球面化"制作凸面镜 .prproj

步骤 01 导入素材至时间轴窗口。打开项目文件 04.prproj，将项目窗口中的"大嘴猴 .jpg"素材拖动至时间轴窗口中的 V1 轨道上，并放大显示素材，如下图所示。

步骤 02 在源监视器窗口中打开素材。在时间轴窗口中双击"大嘴猴 .jpg"素材，使其在源监视器窗口中打开，打开后的效果如下图所示。

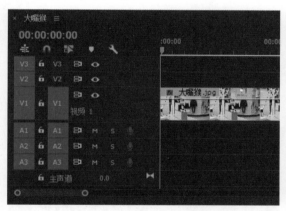

步骤 03 单击"球面化"效果。在"效果"面板中，❶单击"视频效果"选项组中的"扭曲"下拉按钮，❷在展开的下拉列表中单击"球面化"效果，如下图所示。

步骤 04 应用"球面化"效果。按住"球面化"效果不放，将其拖动至时间轴窗口中的"大嘴猴 .jpg"素材上方，如下图所示。释放鼠标，应用"球面化"效果。

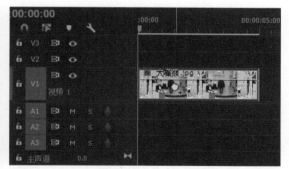

步骤 05 设置"球面化"参数。单击时间轴窗口中的"大嘴猴 .jpg"素材，打开"效果控件"面板，❶设置"半径"值为 2070，❷设置"球面中心"值为 2779、2008，如下左图所示。

步骤 06 查看图像整体"球面化"的效果。在节目监视器窗口中显示了设置"球面化"参数后的图像，效果如下右图所示。

步骤 07 创建椭圆形蒙版。在"效果控件"面板中，单击"球面化"选项组下的"创建椭圆形蒙版"按钮○，创建蒙版，显示"蒙版（1）"选项组，如下图所示。

步骤 08 查看椭圆形蒙版。在节目监视器窗口中显示了添加的椭圆形蒙版，如下图所示。

步骤 09 调整蒙版位置。移动鼠标至椭圆形蒙版上方，当鼠标指针变为手形时，单击并按住鼠标向左拖动。下图所示为调整位置后的蒙版图形效果。

步骤 10 调整蒙版形状。移动鼠标至椭圆形蒙版图形的边缘位置，当鼠标指针变为形状时，单击鼠标添加图形节点，当鼠标指针变为形状时，按住鼠标左键不放，将节点拖动至合适位置。下图所示为调整形状后的蒙版图形。

步骤 11 设置蒙版参数。在"效果控件"面板的"蒙版（1）"选项组中，设置"蒙版羽化"值为 200，如下图所示。

步骤 12 查看图像局部"球面化"的效果。在节目监视器窗口中可以看到此时仅对蒙版中的图像应用了"球面化"效果，如下图所示。

实例23——应用"残影"实现运动残留效果

当网店视频中商品图像的运动范围较大时，可对视频应用"残影"效果，它能合并来自不同时间点的帧，使物体在运动过程中产生残影。本实例将使用"残影"效果，对皮裙商品在运动过程中的残影变化进行编辑。

原始文件	随书资源 \05\ 素材 \05.prproj
最终文件	随书资源 \05\ 源文件 \ 应用"残影"实现运动残留效果 .prproj

步骤 01 导入素材至时间轴窗口。打开项目文件05.prproj，将项目窗口中的"皮裙 .mp4"素材拖动至时间轴窗口，并放大显示素材，如下图所示。

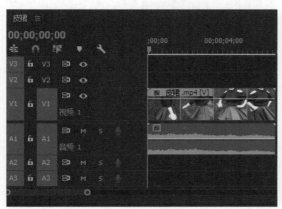

步骤 02 在源监视器窗口中打开素材。在时间轴窗口中双击"皮裙 .mp4"素材，使其在源监视器窗口中打开，打开后的效果如下图所示。

步骤 03 单击"残影"效果。在"效果"面板中，❶单击"视频效果"选项组中的"时间"下拉按钮，❷在展开的下拉列表中单击"残影"效果，如下左图所示。

步骤 04 应用"残影"效果。按住"残影"效果不放，将其拖动至时间轴窗口中的"皮裙 .mp4"素材上方，如下右图所示。释放鼠标，应用"残影"效果。

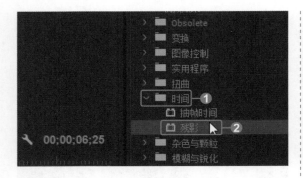

步骤 05 查看默认设置的"残影"参数值。单击源监视器窗口中的"效果控件"标签,打开"效果控件"面板,查看默认设置下的"残影"参数值,如下图所示。

步骤 06 选择"残影"效果的第一个关键帧的位置。如下图所示,按住时间轴窗口中的播放指示器▣不放,将其拖动至视频"00:00:02:02"位置,展开"效果控件"面板。

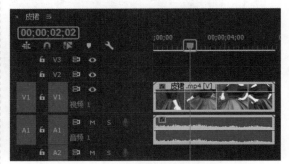

步骤 07 添加第一个关键帧。❶单击"残影"选项组中"残影时间(秒)"选项左侧的"切换动画"按钮▣,❷单击"起始强度"选项左侧的"切换动画"按钮▣,❸单击"衰减"选项左侧的"切换动画"按钮▣,添加关键帧,如下图所示。

步骤 08 设置第一个关键帧的"残影"参数。在"残影"选项组中,❶设置"残影时间(秒)"值为 0.3,❷设置"衰减"值为 4.2,其他参数保持不变,如下图所示。

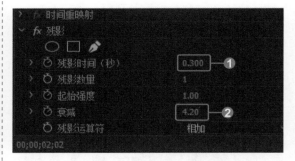

步骤 09 选择"残影"效果的第二个关键帧的位置。将时间轴窗口中的播放指示器▣拖动至视频"00:00:05:21"位置,如右图所示。

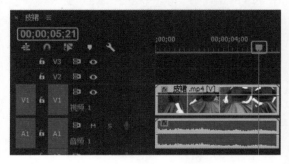

步骤 10 添加第二个关键帧。在"残影"选项组中，❶单击"残影时间（秒）"选项右侧的"添加/移除关键帧"按钮◎，❷单击"起始强度"选项右侧的"添加/移除关键帧"按钮◎，❸单击"衰减"选项右侧的"添加/移除关键帧"按钮◎，添加关键帧，如下图所示。

步骤 11 设置第二个关键帧的"残影"参数。在"残影"选项组中，❶设置"残影时间（秒）"值为 0.1，❷设置"起始强度"值为 0.9，❸设置"衰减"值为 0，其他参数保持不变，如下图所示。

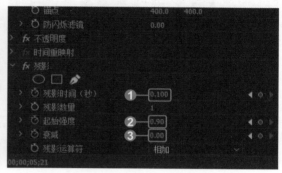

步骤 12 设置"残影运算符"。在"残影"选项组中，❶单击"残影运算符"下拉按钮，❷在弹出的下拉列表中单击"滤色"选项，如下图所示。

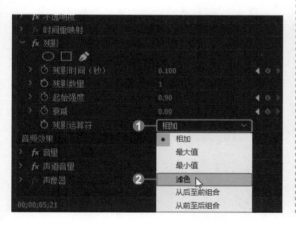

步骤 13 查看"残影"效果。在节目监视器窗口中单击"播放-停止切换"按钮▶，播放视频，查看添加的"残影"效果，如下图所示。

实例24——应用"蒙尘与划痕"修复画面瑕疵

应用"蒙尘与划痕"效果能将位于指定半径内的不同像素更改为更类似邻近像素的图像，从而减少图像的杂色和瑕疵。为了使商品图像的锐度与隐藏瑕疵之间达到平衡，可以设置不同组合的半径和阈值。本实例将使用"蒙尘与划痕"效果对商品图像中的瑕疵进行处理。

原始文件	随书资源 \05\ 素材 \06.prproj
最终文件	随书资源 \05\ 源文件 \ 应用"蒙尘与划痕"修复画面瑕疵 .prproj

步骤 01 导入素材至时间轴窗口。打开项目文件 06.prproj，将项目窗口中的"腮红.jpg"素材拖动至时间轴 V1 轨道上，并放大显示素材，如下图所示。

步骤 02 选择素材缩放级别。在节目监视器窗口中，❶单击"选择缩放级别"下拉按钮，❷在展开的下拉列表中选择 75% 选项，如下图所示。

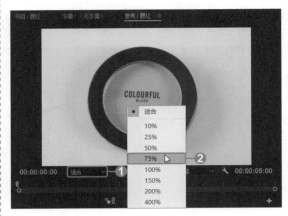

步骤 03 查看缩放后的素材图像效果。在节目监视器窗口中显示了将图像缩放至 75% 时的图像效果，如下图所示。从中可以看见图像中的腮红盒子上存在一些小的瑕疵。

步骤 04 单击"蒙尘与划痕"效果。在"效果"面板中，❶单击"视频效果"选项组中的"杂色与颗粒"下拉按钮，❷在展开的下拉列表中单击"蒙尘与划痕"效果，如下图所示。

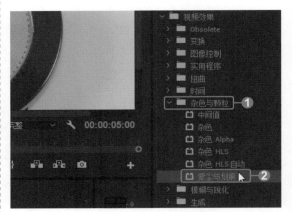

步骤 05 应用"蒙尘与划痕"效果。按住"蒙尘与划痕"效果不放，将其拖动至时间轴窗口中的"腮红.jpg"素材上方，如下图所示。释放鼠标，应用"蒙尘与划痕"效果。

步骤 06 创建椭圆形蒙版。打开"效果控件"面板，单击"蒙尘与划痕"选项组中的"创建椭圆形蒙版"按钮，显示"蒙版（1）"选项组，如下图所示。

步骤 07 在节目监视器窗口中查看椭圆形蒙版。选中"蒙版（1）"选项，在节目监视器窗口中显示了创建的椭圆形蒙版效果，如下图所示。

步骤 09 设置"蒙尘与划痕"的"半径"参数。展开"效果控件"面板，在"蒙尘与划痕"选项组下设置"半径"值为 4，如下图所示。

步骤 11 查看"蒙尘与划痕"效果。在节目监视器窗口中查看应用"蒙尘与划痕"效果后的图像，如右图所示。

知识拓展

在"蒙尘与划痕"选项组中，"半径"选项用于控制图像瑕疵的消除程度，若设置的参数值过大，会使图像模糊；"阈值"选项用于控制保留图像细节的程度，"阈值"值越大，细节越清晰。

步骤 08 改变蒙版形状。移动鼠标至蒙版图形的节点位置，当鼠标指针变为▶形状时，单击并拖动节点至图像中腮红盒子的内侧边缘位置。下图所示为形状改变后的蒙版图形。

步骤 10 设置蒙版参数。在"蒙版（1）"选项组中，❶设置"蒙版扩展"值为 -30，❷勾选"已反转"复选框，如下图所示。

实例25——应用"方向模糊"模拟动感的画面效果

应用"方向模糊"效果可以模拟动感的画面效果，并且可以通过调整"方向"和"模糊长度"选项来控制素材模糊的方向和强度。本实例将应用"方向模糊"效果对图片背景进行模糊处理，以模拟动感的画面效果。

原始文件	随书资源 \05\ 素材 \07.prproj
最终文件	随书资源 \05\ 源文件 \ 应用"方向模糊"模拟动感的画面效果 .prproj

步骤 01 导入"模型玩具 .jpg"素材至时间轴窗口。打开项目文件 07.prproj，将项目窗口中的"模型玩具 .jpg"素材拖动至时间轴V1轨道上，并放大显示素材，如下图所示。

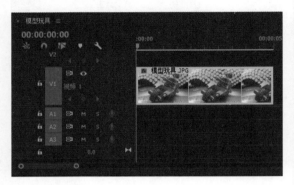

步骤 02 在源监视器窗口中打开素材。在时间轴窗口中双击"模型玩具 .jpg"素材，使其在源监视器窗口中打开，打开后的素材效果如下图所示。

步骤 03 单击"方向模糊"效果。在"效果"面板中，❶单击"视频效果"选项组中的"模糊与锐化"下拉按钮，❷在展开的"模糊与锐化"下拉列表中单击"方向模糊"效果，如下图所示。

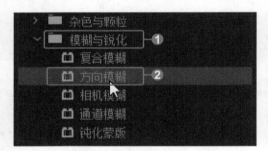

步骤 04 应用"方向模糊"效果。按住"方向模糊"效果不放，将其拖动至时间轴窗口中的"模型玩具 .jpg"素材上方，如下图所示，然后释放鼠标，应用"方向模糊"效果。

步骤 05 单击"自由绘制贝塞尔曲线"按钮。打开"效果控件"面板，并在面板的"方向模糊"选项组中，单击"自由绘制贝塞尔曲线"按钮 ✎，创建蒙版，显示"蒙版（1）"选项组，如下图所示。

步骤 06 绘制蒙版图形。移动鼠标至节目监视器窗口中的"模型玩具 .jpg"图像上方，当鼠标指针变为 ▶ 形时，沿着玩具模型的边缘勾勒，绘制大概的蒙版图形，绘制后的蒙版效果如下图所示。

步骤 07 设置节目监视器窗口中视频图像的缩放级别。❶在节目监视器窗口中单击"选择缩放级别"下拉按钮，❷在弹出的下拉列表中单击100%选项，放大显示图像，如下图所示。

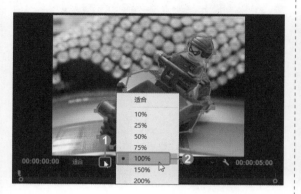

步骤 08 处理蒙版的轮廓细节。将鼠标指针移至蒙版轮廓的边缘位置，调整蒙版的轮廓细节，使其与图像中玩具模型的边缘契合。绘制完成后，将图像的缩放级别还原为"适合"，查看编辑蒙版形状后的效果，如下图所示。

步骤 09 设置"方向模糊"的参数。❶在"蒙版（1）"选项组中勾选"已反转"复选框，❷设置"方向"值为45°，❸设置"模糊长度"值为89，如下图所示。

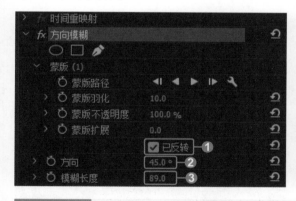

步骤 10 查看"方向模糊"效果。在节目监视器窗口中查看图像，可以看到应用"方向模糊"效果后，图像呈现出快速移动的视觉效果，如下图所示。

技巧提示

　　在时间轴窗口中，单击窗口右上角的扩展按钮，在展开的菜单中执行"连续视频缩览图"命令，可以在时间轴窗口中以连续视频缩览图的方式显示视频素材。

实例26——应用"相机模糊"实现镜头对焦效果

　　若商品视频中需要模糊图像，可使用"相机模糊"效果模拟离开相机焦点范围的虚化图像，还可以指定其模糊量，设置的数值越大，图像越模糊。本实例将使用"相机模糊"效果制作商品图像的镜头对焦效果。

原始文件	随书资源 \05\ 素材 \08.prproj
最终文件	随书资源 \05\ 源文件 \ 应用 "相机模糊" 实现镜头对焦效果 .prproj

步骤 01 导入素材至时间轴窗口。打开项目文件 08.prproj，将项目窗口中的"咖啡杯.jpg"素材拖动至时间轴 V1 轨道上，并放大显示素材，如下图所示。

步骤 02 单击"相机模糊"效果。在"效果"面板中，❶单击"视频效果"选项组中的"模糊与锐化"下拉按钮，❷在展开的下拉列表中单击"相机模糊"效果，如下图所示。

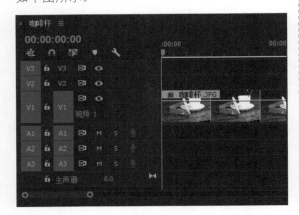

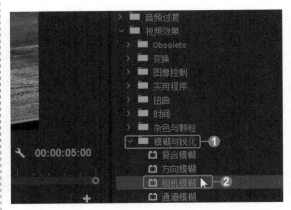

步骤 03 应用"相机模糊"效果。按住"相机模糊"效果不放，将其拖动至时间轴窗口中的"咖啡杯.jpg"素材上方，如下图所示。当鼠标指针变为 形状时，释放鼠标，应用"相机模糊"效果。

步骤 04 查看默认的模糊效果。在节目监视器窗口中可以看到对图像应用默认的参数值时产生的模糊效果，如下图所示。

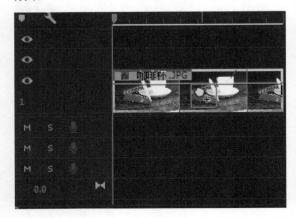

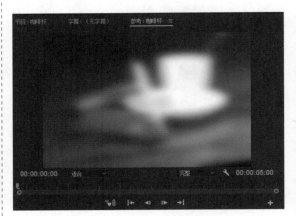

步骤 05 添加第一个关键帧并设置模糊参数。打开"效果控件"面板，❶单击"百分比模糊"选项左侧的"切换动画"按钮 ，添加关键帧，❷设置"百分比模糊"值为5，如下图所示。

步骤 06 选择"相机模糊"效果的第二个关键帧的位置。在时间轴窗口中将播放指示器 拖动至视频"00:00:00:09"位置，如下图所示。

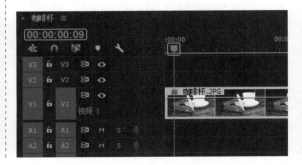

步骤07 添加并设置第二个关键帧。在"相机模糊"选项组中，❶单击"百分比模糊"选项右侧的"添加/移除关键帧"按钮 ◙，添加关键帧，❷设置其值为19，如右图所示。

步骤08 选择"相机模糊"效果的第三个关键帧的位置。在时间轴窗口中将播放指示器 ▮ 拖动至视频"00:00:01:11"位置，如下图所示。

步骤09 添加并设置第三个关键帧。在"相机模糊"选项组中，❶单击"百分比模糊"选项右侧的"添加/移除关键帧"按钮 ◙，添加关键帧，❷设置其值为0，如下图所示。

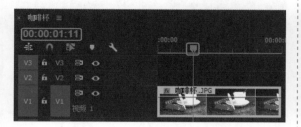

步骤10 查看镜头对焦效果。在节目监视器窗口中单击"播放-停止切换"按钮 ▶，播放视频，当视频播放至"00:00:00:14"处时，效果如下图所示。

步骤11 继续查看镜头对焦效果。继续播放视频，当视频播放至"00:00:01:06"处时，效果如下图所示。

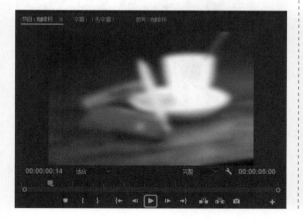

实例27——应用"镜头光晕"制作柔和光晕效果

　　"镜头光晕"效果能够模拟强光投射到摄像机镜头中时产生的折射光晕效果。为商品视频添加光晕效果，可以带给买家更丰富的视觉体验。本实例将应用"镜头光晕"效果，为拍摄的商品视频素材添加柔和的光晕效果。

	原始文件	随书资源 \05\ 素材 \09.prproj
	最终文件	随书资源 \05\ 源文件 \ 应用"镜头光晕"制作柔和光晕效果 .prproj

步骤 01 **导入素材至时间轴窗口。** 打开项目文件 09.prproj，将时间轴窗口中的"相机.jpg"素材拖动至时间轴 V1 轨道上，并放大显示素材，如下图所示。

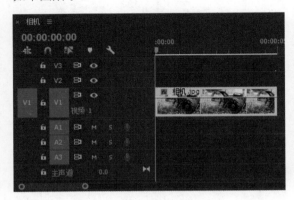

步骤 02 **单击"镜头光晕"效果。** 在"效果"面板中，❶单击"视频效果"选项组中的"生成"下拉按钮，❷在展开的下拉列表中单击"镜头光晕"效果，如下图所示。

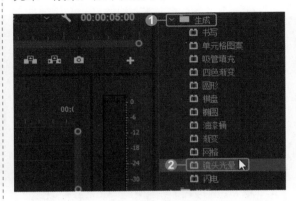

步骤 03 **应用"镜头光晕"效果。** 按住"镜头光晕"效果不放，将其拖动至时间轴窗口中的"相机.jpg"素材上方，如下图所示。当鼠标指针变为 ◌+ 形状时释放鼠标，应用"镜头光晕"效果。

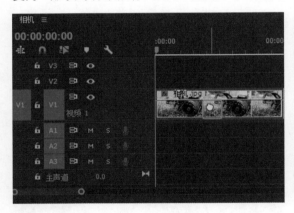

步骤 04 **设置光晕的位置和亮度参数。** 打开"效果控件"面板，在"镜头光晕"选项组中，❶设置"光晕中心"值为 222、-71，❷设置"光晕亮度"值为 150%，如下图所示。

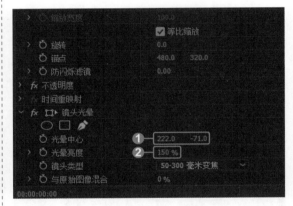

步骤 05 **设置光晕的镜头类型。** 在"效果控件"面板中，❶单击"镜头类型"下拉按钮，❷在弹出的下拉列表中单击"35 毫米定焦"选项，如下图所示。

步骤 06 **查看"镜头光晕"效果。** 此时节目监视器窗口中会显示调整参数后得到的"镜头光晕"效果，如下图所示。

实例28——应用"闪电"制作能量转换效果

应用"闪电"效果，可在商品视频中生成闪电，以达到吸引买家或强调商品特性的目的。"闪电"效果能在视频剪辑的时间范围内自动动画化，无须使用关键帧。本实例将重复应用"闪电"效果，并通过设定"闪电"效果起始点位置，制作电池能量转换的视频效果。

原始文件	随书资源 \05\ 素材 \10.prproj
最终文件	随书资源 \05\ 源文件 \ 应用"闪电"制作能量转换效果 .prproj

步骤 01 导入素材至时间轴窗口。打开项目文件 10.prproj，将项目窗口中的"电池 .jpg"素材拖动至时间轴 V1 轨道上，并放大显示素材，如下图所示。

步骤 02 单击"闪电"效果。在"效果"面板中，❶单击"视频效果"选项组中的"生成"下拉按钮，❷在展开的下拉列表中单击"闪电"效果，如下图所示。

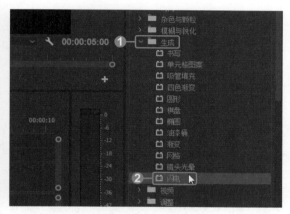

步骤 03 应用"闪电"效果。按住"闪电"效果不放，将其拖动至时间轴窗口中的"电池 .jpg"素材上方，如下图所示。释放鼠标，应用"闪电"效果。

步骤 04 查看节目监视器窗口中的默认闪电效果。在节目监视器窗口中可看到生成的第一道闪电效果，如下图所示。

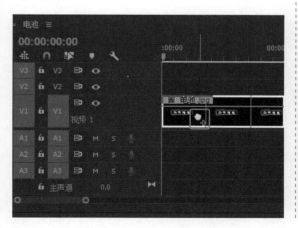

步骤 05 设置闪电细节部分的参数值。打开"效果控件"面板,在"闪电"选项组中,❶设置"分段"值为17,❷设置"振幅"值为5,❸设置"细节级别"值为7,如下图所示。

步骤 06 设置闪电的"宽度"参数。在"效果控件"面板的"闪电"选项组中,设置"宽度"值为50。下图所示为参数设置完成后的闪电效果。

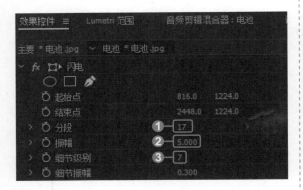

步骤 07 设置闪电的"结束点"参数。在"效果控件"面板的"闪电"选项组中,设置闪电的"结束点"值为 678.4、1242.8,如下图所示。

步骤 08 添加第一个关键帧并设置闪电的"起始点"参数。在"效果控件"面板中,❶单击"闪电"选项组中"起始点"选项左侧的"切换动画"按钮,添加关键帧,❷设置"起始点"值为45.2、1212.7,如下图所示。

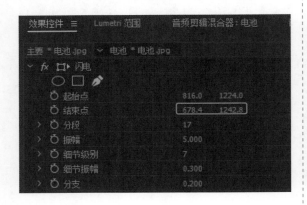

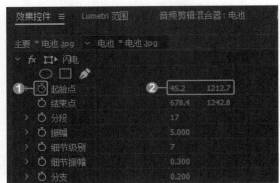

步骤 09 选择"闪电"效果的第二个关键帧的位置。在时间轴窗口中将播放指示器拖动至视频"00:00:01:01"位置,如下图所示。

步骤 10 添加第二个关键帧并设置闪电的"起始点"参数。在"闪电"选项组中,❶单击"起始点"选项右侧的"添加/移除关键帧"按钮,添加关键帧,❷设置"起始点"值为75、823.3,如下图所示。

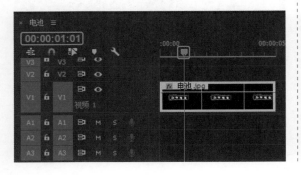

步骤 11 选择"闪电"效果的第三个关键帧的位置。在时间轴窗口中将播放指示器拖动至视频"00:00:02:01"位置，如下图所示。

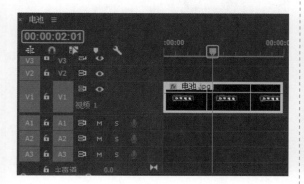

步骤 13 查看第一道闪电的效果。在节目监视器窗口中播放视频，查看第一道闪电的效果。当视频播放至"00:00:00:13"位置时，视频中的闪电效果如下图所示。

步骤 15 设置第二道闪电的部分参数。在第二个"闪电"选项组中，❶设置"分段"值为17，❷设置"振幅"值为5，❸设置"细节级别"值为7，❹设置"宽度"值为50，如下图所示。

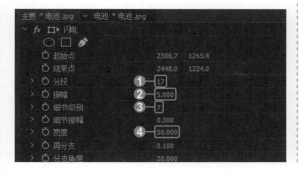

步骤 12 添加第三个关键帧并设置闪电的"起始点"参数。在"闪电"选项组中，❶单击"起始点"选项右侧的"添加／移除关键帧"按钮，添加关键帧，❷设置"起始点"值为30.2、1453.7，如下图所示。

步骤 14 再次应用"闪电"效果。使用步骤02、03的方法，对"电池.jpg"素材重复应用"闪电"效果，此时"效果控件"面板中会显示两个"闪电"选项组，单击第一个"闪电"下拉按钮，关闭其下拉列表，如下图所示。

步骤 16 设置第二道闪电的起始点位置。继续在第二个"闪电"选项组中设置"起始点"值为2306.7、1265.4，如下图所示。

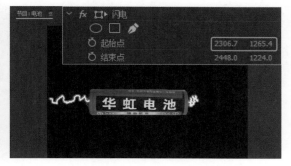

83

步骤 17 设置第二道闪电的 3 个结束点位置。
分别在 3 个关键帧位置激活第二道闪电的"结
束点"属性，并在第一个关键帧位置设置闪电
的结束点位置为 3150.9、1175，在第二个关
键帧位置设置闪电的结束点位置为 3288.9、
1785，右图所示为在第三个关键帧位置设置的
闪电结束点位置，其值为 3411.9、816。

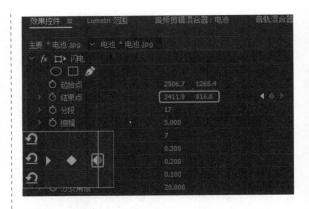

步骤 18 查看"闪电"效果。在节目监视器窗口
中单击"播放 - 停止切换"按钮▶，播放视频，
当视频播放至"00:00:00:03"位置时，效果如
下图所示。

步骤 19 继续查看"闪电"效果。继续播放视频，
当视频播放至"00:00:00:14"位置时，效果如
下图所示。

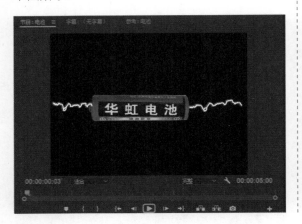

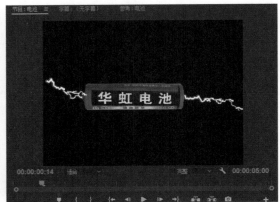

实例29——应用"基本3D"实现三维旋转效果

　　应用"基本 3D"效果可以围绕水平轴和垂直轴旋转图像，以及靠近或远离的效果。对
视频素材应用"基本 3D"效果时，还可以创建镜面高光来表现由旋转表面反射的光感，
增强 3D 外观的真实感。本实例将应用"基本 3D"效果创建逐渐靠近和远离的视频动画
效果。

原始文件	随书资源 \05\ 素材 \11.prproj
最终文件	随书资源 \05\ 源文件 \ 应用"基本 3D"实现三维旋转效果 .prproj

步骤 01 在节目监视器窗口中查看图像效果。打
开项目文件 11.prproj，在节目监视器窗口中查
看打开的图像素材效果，如下左图所示。

步骤 02 选择"基本 3D"效果。❶单击"效果"
面板中的"视频效果"选项组中的"透视"下
拉按钮，❷在展开的列表中单击"基本 3D"效
果，如下右图所示。

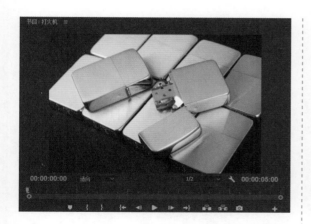

步骤 03 应用"基本 3D"效果。按住"基本 3D 效果"不放，将其拖动至时间轴窗口中的"打火机 .jpg"素材上方，如下图所示，释放鼠标，应用"基本 3D"效果。

步骤 04 添加第一个关键帧并设置参数。打开"效果控件"面板，❶依次单击"旋转""倾斜""与图像的距离"选项前的"切换动画"按钮◌，❷分别设置参数值为 100°、100°、550，如下图所示。

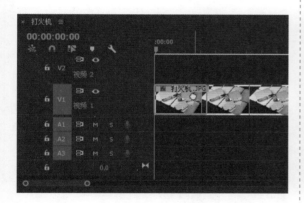

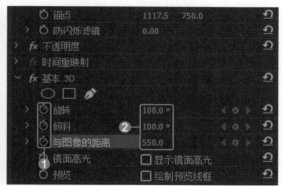

步骤 05 添加第二个关键帧并设置参数。❶在时间轴窗口中将播放指示器定位于视频"00:00:04:02"位置，❷在"效果控件"面板中依次单击"旋转""倾斜""与图像的距离"选项后的"添加 / 移除关键帧"按钮◙，添加关键帧，❸并依次将参数恢复为默认的 0，如下图所示。

步骤 06 添加第三个关键帧并设置参数。❶在时间轴窗口中将播放指示器定位于视频"00:00:05:11"位置，❷在"效果控件"面板中依次单击"旋转""倾斜""与图像的距离"选项后的"添加 / 移除关键帧"按钮◙，添加关键帧，其他参数值不变，如下图所示。

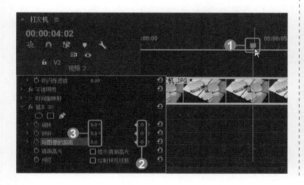

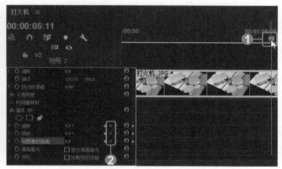

步骤 07 添加第四个关键帧并设置参数。❶在时间轴窗口中将播放指示器定位于素材末尾处，❷在"效果控件"面板中依次单击"旋转""倾斜""与图像的距离"选项后的"添加／移除关键帧"按钮 ◙，添加关键帧，❸并依次将参数设置为 100°、100°、550，如下图所示。

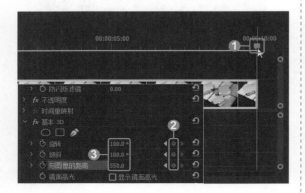

步骤 08 添加关键帧并启用镜面高光。❶在时间轴窗口中将播放指示器定位于视频"00:00:02:14"位置，❷在"效果控件"面板中单击"镜面高光"选项前的"切换动画"按钮 ◙，添加关键帧，❸勾选"显示镜面高光"复选框，如下图所示。

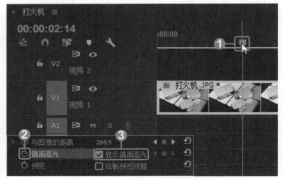

步骤 09 添加关键帧并显示镜面高光。❶在时间轴窗口中将播放指示器定位于视频"00:00:05:11"位置，❷单击"效果控件"面板中的"镜面高光"选项右侧的"添加／移除关键帧"按钮 ◙，添加关键帧，如下图所示。

步骤 10 添加关键帧渐隐镜面高光。❶在时间轴窗口中将播放指示器定位于视频"00:00:06:22"位置，❷单击"镜面高光"选项右侧的"添加／移除关键帧"按钮，添加关键帧，❸取消勾选"显示镜面高光"复选框，如下图所示。

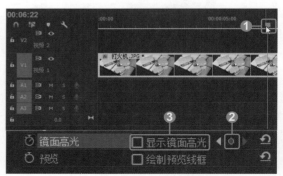

实例30——应用"斜角边"制作视频立体边框

　　若商品视频本身的图像元素较为单调，可在编辑过程中对其应用"斜角边"效果。它可以让视频图像边缘呈现凿刻和光亮的 3D 外观，并可通过设置相关参数，丰富商品视频的画面和内容。在"斜角边"效果中，创建的边缘始终为矩形，并且所有边缘采用相同的厚度。本实例将应用"斜角边"效果，对眼镜商品素材的立体边框的厚度及光亮变化的相关编辑进行讲解。

原始文件	随书资源 \05\ 素材 \12.prproj
最终文件	随书资源 \05\ 源文件 \ 应用"斜角边"制作视频立体边框 .prproj

步骤 01 导入素材至时间轴窗口。打开项目文件 12.prproj，将项目窗口中的"眼镜 .mp4"素材拖动至时间轴 V1 轨道上，并放大显示素材，如下图所示。

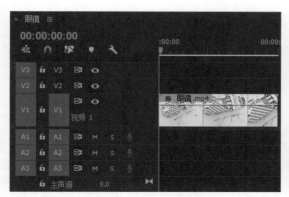

步骤 02 单击"斜角边"效果。在"效果"面板中，❶单击"视频效果"选项组中的"透视"下拉按钮，❷在展开的下拉列表中单击"斜角边"效果，如下图所示。

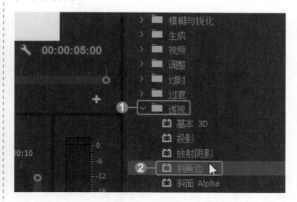

步骤 03 应用"斜角边"效果。按住"斜角边"效果不放，将其拖动至时间轴窗口中的"眼镜 .mp4"素材上方，如下图所示。释放鼠标，应用"斜角边"效果。

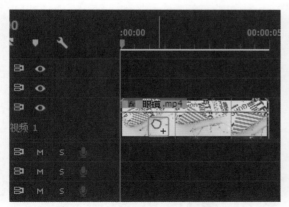

步骤 04 查看默认设置下的"斜角边"效果。在节目监视器窗口中显示了应用"斜角边"效果后的图像，如下图所示。

步骤 05 添加第一个关键帧，并设置斜角边的"边缘厚度"参数。打开"效果控件"面板，❶在"斜角边"选项组中单击"边缘厚度"选项左侧的"切换动画"按钮🕐，添加关键帧，❷设置"边缘厚度"值为 0.5，如下图所示。

步骤 06 设置第一个关键帧的"光照角度"与"光照强度"参数。在"斜角边"选项组中，❶单击"光照角度"选项左侧的"切换动画"按钮🕐，❷设置"光照角度"值为 -88°，❸单击"光照强度"选项左侧的"切换动画"按钮🕐，❹设置"光照强度"值为 1，如下图所示。

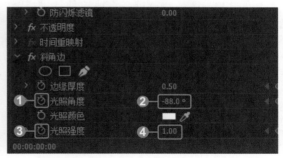

步骤 07 打开"拾色器"对话框。在"效果控件"面板中，❶单击"光照颜色"选项左侧的"切换动画"按钮，启用该关键帧属性，❷单击"光照颜色"选项右侧的颜色块，如下图所示，打开"拾色器"对话框。

步骤 08 设置斜角边的"光照颜色"参数。在"拾色器"对话框中，❶设置颜色值为 R7、G3、B3，❷单击"确定"按钮，完成设置，如下图所示。

步骤 09 查看设置"光照颜色"参数后的效果。完成"光照颜色"设置后，在节目监视器窗口中查看图像效果，如下图所示。

步骤 10 选择"斜角边"效果的第二个关键帧的位置。在时间轴窗口中将播放指示器拖动至视频"00:00:01:21"位置，如下图所示。

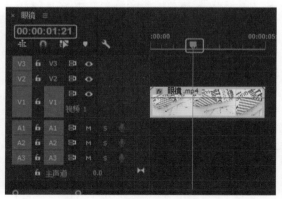

步骤 11 添加第二个关键帧，并设置"边缘厚度"和"光照角度"参数。在"效果控件"面板中，❶单击"斜角边"选项组中的"边缘厚度"选项右侧的"添加/移除关键帧"按钮，添加关键帧，❷设置"边缘厚度"值为 0.1，❸单击"光照角度"选项右侧的"添加/移除关键帧"按钮，❹设置"光照角度"值为 196°，如右图所示。

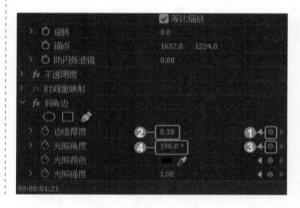

步骤 12 设置第二个关键帧的"光照强度"参数。❶单击"光照强度"选项右侧的"添加／移除关键帧"按钮 ◎，❷设置"光照强度"值为 0.4，❸单击"光照颜色"选项右侧的"添加／移除关键帧"按钮 ◎，❹单击"光照颜色"选项右侧的颜色块，如下图所示。

步骤 13 设置光照颜色。打开"拾色器"对话框，❶设置颜色值为 R246、G232、B232，❷单击"确定"按钮，完成光照颜色的设置，如下图所示。

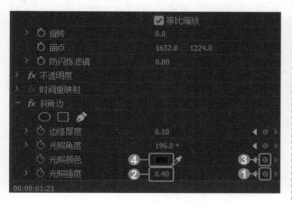

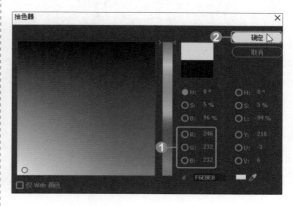

步骤 14 查看"斜角边"效果。在节目监视器窗口中单击"播放 - 停止切换"按钮 ▶，播放视频，当视频播放至"00:00:00:15"位置时，效果如下图所示。

步骤 15 继续查看"斜角边"效果。继续播放视频，当视频播放至"00:00:01:14"位置时，效果如下图所示。

实例31——应用"颜色键"抠像换背景

　　网店中的很多商品都需要搭配使用，若卖家能将配套商品的图像有序且合理地放在一个视频中，将非常有利于买家同时关注配套商品。在制作这类商品视频时，可以通过应用"颜色键"效果对需要的图像进行抠像处理。本实例将应用"颜色键"效果抠取视频图像并更换新背景。

原始文件	随书资源 \05\ 素材 \13.prproj
最终文件	随书资源 \05\ 源文件 \ 应用"颜色键"抠像换背景 .prproj

步骤 01 导入素材至时间轴窗口。打开项目文件 13.prproj，将项目窗口中的"面膜 .jpg"素材拖动至时间轴 V1 轨道上，将项目窗口中的"爽肤水 .jpg"素材拖动至时间轴 V2 轨道上，并放大显示素材，如下图所示。

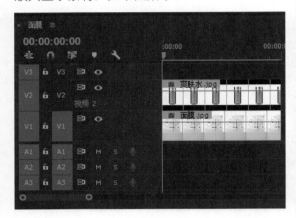

步骤 02 查看节目监视器窗口。此时，节目监视器窗口中重叠显示了"面膜 .jpg"与"爽肤水 .jpg"素材，如下图所示。爽肤水素材与面膜素材相比明显较小，因此首先需要将"爽肤水 .jpg"素材进行放大处理。

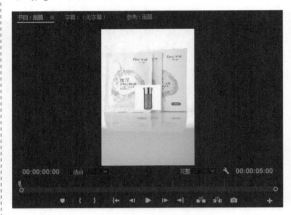

步骤 03 改变"爽肤水 .jpg"素材的位置和大小。打开"效果控件"面板，在"爽肤水 .jpg"素材的"视频效果"选项组中，❶单击"运动"下拉按钮，展开下拉列表，❷设置"位置"值为 2218.3、1993.4，❸设置"缩放"值为 255，如下图所示。

步骤 04 单击"颜色键"效果。打开"效果"面板，❶单击"视频效果"选项组中的"键控"下拉按钮，❷在展开的下拉列表中单击"颜色键"效果，如下图所示。

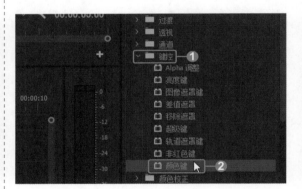

步骤 05 应用"颜色键"效果。按住"颜色键"效果不放，将其拖动至时间轴窗口中的"爽肤水 .jpg"素材上方，如下图所示。释放鼠标，应用"颜色键"效果。

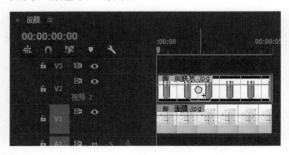

步骤 06 单击"自由绘制贝塞尔曲线"按钮，创建蒙版。单击"效果控件"面板中"颜色键"选项组下的"自由绘制贝塞尔曲线"按钮，显示"蒙版（1）"选项组，如下图所示。

步骤 07 **绘制蒙版的大致轮廓。**将鼠标移至节目监视器窗口中的"爽肤水 .jpg"素材上方，当鼠标指针变为 ↘ 形状时，沿图中的红色瓶子边缘勾勒其大致的轮廓形状，如下图所示。

步骤 08 **放大节目监视器窗口中的视频图像。**❶单击节目监视器窗口中的"选择缩放级别"下拉按钮，❷在展开的下拉列表中单击"25%"选项，放大视频画面，放大后的效果如下图所示。

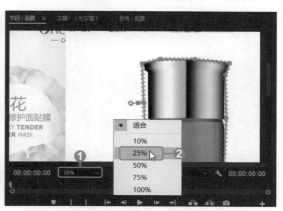

步骤 09 **调整蒙版形状。**将鼠标指针移至蒙版轮廓的上方，继续绘制蒙版轮廓细节。当鼠标指针变为 ↘+ 形状时，单击鼠标左键，增加节点，当鼠标指针变为 ↘。形状时，按住鼠标左键不放，拖动节点，调整蒙版形状，使其与红色瓶子的边缘重合，如下图所示。

步骤 10 **单击"吸管工具"按钮。**打开"效果控件"面板，❶勾选"蒙版（1）"选项组中的"已反转"复选框，❷单击"主要颜色"选项右侧的"吸管工具"按钮 ✎，如下图所示。单击按钮后，鼠标指针变为 ✎ 形状。

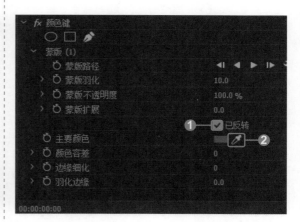

步骤 11 **选择图像中要去除部分的颜色。**❶单击"选择缩放级别"下拉按钮，❷在展开的下拉列表中选择 10% 选项，❸将鼠标指针移至节目监视器窗口中的"爽肤水 .jpg"素材上方，在需要去除的颜色位置单击，如右图所示。

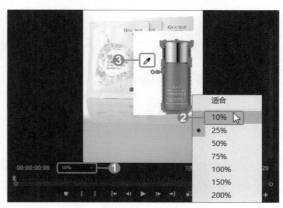

步骤12 **查看抠像效果。** 单击"爽肤水 .jpg"素材中的白色位置后，在节目监视器窗口中查看图像，可以看到去除了图片中白色的背景，但红色瓶子下方仍有浅灰色的倒影未被清除，如下图所示。

步骤14 **设置"爽肤水 .jpg"素材的不透明度。** 为了使抠取的图像更自然，可在"效果控件"面板中设置"爽肤水 .jpg"素材的不透明度。❶单击"不透明度"下拉按钮，❷在展开的下拉列表中设置"不透明度"值为85%，如下图所示。

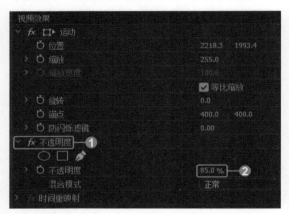

步骤13 **设置蒙版的"颜色键"参数。** 在"效果控件"面板中的"颜色键"选项组下，❶设置"颜色容差"值为255，❷设置"边缘细化"值为5，❸设置"羽化边缘"值为10，如下图所示。

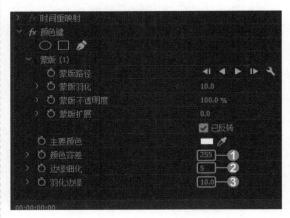

步骤15 **查看视频抠像效果。** 将节目监视器窗口中的"选择缩放级别"选项设置为"适合"，然后查看完整的抠取图像后的画面效果，如下图所示。

实例32——应用"复制"制作多画面效果

在商品视频编辑中应用"复制"效果，可以将画面分成多个区域，而且可以使每个区域都拥有相同的、完整的商品画面内容。本实例将对口红商品的展示视频应用"复制"效果，并对其"计数"参数进行设置，从而制作多画面切换的视频效果。

原始文件	随书资源 \05\ 素材 \14.prproj
最终文件	随书资源 \05\ 源文件 \ 应用"复制"制作多画面效果 .prproj

步骤 01 使用"剃刀工具"切割视频。打开项目文件 14.prproj，❶单击"剃刀工具"按钮，❷在"口红 .mp4"素材的"00:00:03:14"处将视频切割成两段，如下图所示。

步骤 02 选择需要应用"复制"效果的视频片段。❶单击"选择工具"按钮，❷移动鼠标至被切割后的第一个视频片段上方，单击选中该片段，如下图所示。

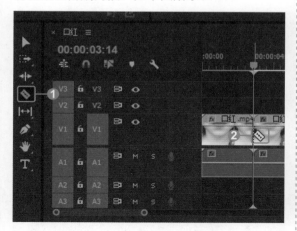

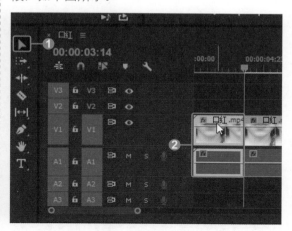

步骤 03 在源监视器窗口中打开素材。在时间轴窗口中双击选中的视频片段，使其在源监视器窗口中打开，打开后的效果如下图所示。

步骤 04 单击"复制"效果。在"效果"面板中，❶单击"视频效果"选项组中的"风格化"下拉按钮，❷在展开的下拉列表中单击"复制"效果，如下图所示。

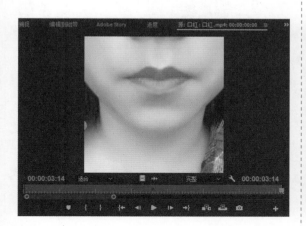

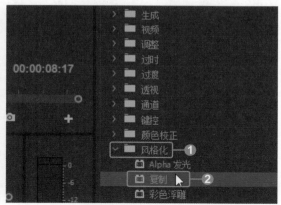

步骤 05 应用"复制"效果。按住"复制"效果不放，将其拖动至时间轴窗口中的第一个视频片段上方，如下图所示。释放鼠标，应用"复制"效果。

步骤 06 选择"复制"效果的第一个关键帧的位置。在时间轴窗口中将播放指示器拖动至视频开始位置，如下图所示。

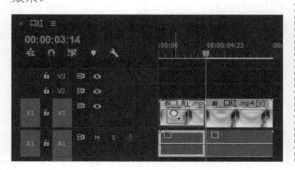

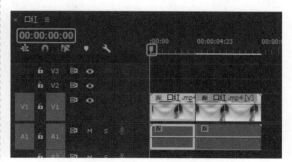

步骤 07 添加第一个关键帧。打开"效果控件"面板，在"复制"选项组中，❶单击"计数"选项左侧的"切换动画"按钮⏱，添加第一个关键帧，❷保持"计数"值为 2 不变，如下图所示。

步骤 09 添加并设置第二个关键帧。在"复制"选项组中，❶单击"计数"选项右侧的"添加/移除关键帧"按钮◈，添加第二个关键帧，❷设置"计数"值为 3，如下图所示。

步骤 11 添加并设置第三个关键帧。在"复制"选项组中，❶单击"计数"选项右侧的"添加/移除关键帧"按钮◈，添加第三个关键帧，❷设置"计数"值为 2，如右图所示。

步骤 12 查看"复制"效果。在节目监视器窗口中单击"播放-停止切换"按钮▶，播放视频，当视频播放至"00:00:01:09"位置时，视频复制的效果如下图所示。

步骤 08 选择"复制"效果的第二个关键帧的位置。在时间轴窗口中将播放指示器拖动至视频"00:00:01:03"位置，如下图所示。

步骤 10 选择"复制"效果的第三个关键帧的位置。在时间轴窗口中将播放指示器拖动至视频"00:00:02:09"位置，如下图所示。

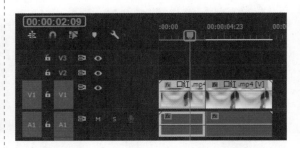

步骤 13 继续查看"复制"效果。继续播放视频，当视频播放至"00:00:02:13"位置时，视频复制的效果如下图所示。

实例33——应用"纹理化"制作纹理运动效果

在商品视频编辑过程中应用"纹理化"效果，可以使剪辑的外观具有另一个剪辑的纹理。本实例将对软陶玩具商品视频应用"纹理化"效果，并通过调整"纹理对比度"，使其在纯色背景中以纹理形式运动。

原始文件	随书资源 \05\ 素材 \15.prproj
最终文件	随书资源 \05\ 源文件 \ 应用"纹理化"制作纹理运动效果 .prproj

步骤 01 导入"软陶玩具 .mp4"素材至时间轴窗口。打开项目文件 15.prproj，将项目窗口中的"软陶玩具 .mp4"素材拖动至时间轴 V1 轨道上，此时节目监视器窗口中的画面如下图所示。

步骤 02 导入"纹理背景 .jpg"素材至时间轴窗口。将项目窗口中的"纹理背景 .jpg"素材拖动至时间轴 V2 轨道上，此时节目监视器窗口中的画面如下图所示。

 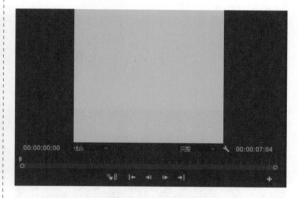

步骤 03 执行"速度 / 持续时间"命令。右击时间轴窗口中的"纹理背景 .jpg"素材，在弹出的快捷菜单中执行"速度 / 持续时间"命令，如右图所示。

步骤 04 设置素材的持续时间。打开"剪辑速度 / 持续时间"对话框，❶设置"持续时间"值为"00:00:07:04"，❷单击"确定"按钮，完成设置，如下图所示。

步骤 05 单击"纹理化"效果。在"效果"面板中，❶单击"视频效果"选项组中的"风格化"下拉按钮，❷在展开的下拉列表中单击"纹理化"效果，如下图所示。

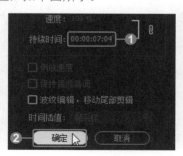 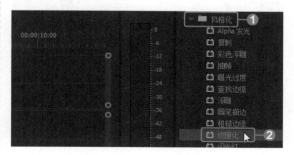

步骤 06 应用"纹理化"效果。按住"纹理化"效果不放，将其拖动至时间轴窗口中的"纹理背景 .jpg"素材上方，如下图所示。释放鼠标，应用"纹理化"效果。

步骤 08 添加并设置第一个关键帧。将播放指示器定位于视频开始位置，在"效果控件"面板的"纹理化"选项组中，❶单击"纹理对比度"选项左侧的"切换动画"按钮 🕐，添加第一个关键帧，❷设置"纹理对比度"值为 0.2，如下图所示。

步骤 10 查看纹理效果。在节目监视器窗口中单击"播放 - 停止切换"按钮 ▶，播放视频，当视频播放至"00:00:00:10"位置时，显示如下图所示的"纹理化"效果。

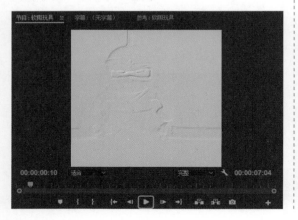

步骤 07 设置"纹理图层"参数。打开"效果控件"面板，❶在"纹理化"选项组中单击"纹理图层"下拉按钮，❷在展开的下拉列表中单击"视频 1"选项，如下图所示。

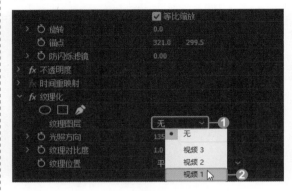

步骤 09 添加并设置第二个关键帧。将播放指示器定位于"00:00:01:02"位置，在"纹理化"选项组中，❶单击"纹理对比度"选项右侧的"添加 / 移除关键帧"按钮 🔘，添加第二个关键帧，❷设置"纹理对比度"值为 2，如下图所示。

步骤 11 继续查看纹理效果。继续播放视频，当视频播放至"00:00:06:17"位置时，显示如下图所示的"纹理化"效果。

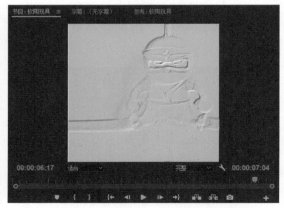

第6章
创建独特的视频转场风格

在视频编辑中经常会听到"转场"一词，它是指两个不同画面的素材在切换时的过渡效果。当不同的商品视频素材在同一时间轴中被编辑时，应用视频过渡工具创建别具风格的过渡效果，能减少视频画面转换的突兀感，使其衔接得更加和谐或独特。在进行转场编辑时，需要遵循的一般规则是图片接图片、视频接视频。本章将对不同的转场效果进行讲解。

实例34——立方体旋转过渡效果

"立方体旋转"过渡能使两个素材图像在过渡过程中映射到立方体的两个面，从而实现如立方体旋转运动的视频转场效果。本实例将通过对家居用品图像应用"立方体旋转"过渡，制作视频转场效果。

原始文件	随书资源 \06\ 素材 \01.prproj	
最终文件	随书资源 \06\ 源文件 \ 立方体旋转过渡效果 .prproj	

步骤 01 **导入素材至时间轴窗口**。打开项目文件 01.prproj，将项目窗口中的"单人床 .jpg"素材拖动至时间轴 V1 轨道上，再将"双人床 .jpg"素材拖动至"单人床 .jpg"素材的末尾位置，如下图所示。

步骤 02 **展开"视频过渡"选项组**。在工作区右侧的"效果"面板中，单击"视频过渡"下拉按钮，展开"视频过渡"选项组，如下图所示。

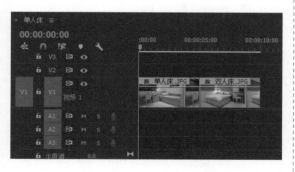

步骤 03 **单击"立方体旋转"过渡**。❶在展开的"视频过渡"选项组中单击"3D 运动"下拉按钮，❷在展开的下拉列表中单击"立方体旋转"过渡，如下左图所示。

步骤 04 **拖动"立方体旋转"过渡至时间轴窗口**。按住"立方体旋转"过渡不放，将其拖动至时间轴窗口中的"单人床 .jpg"和"双人床 .jpg"素材的中间位置，此时鼠标指针的右下方出现⊕图形，如下右图所示。

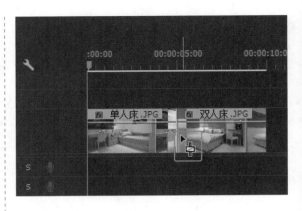

步骤 05 应用"立方体旋转"过渡。释放鼠标，应用"立方体旋转"过渡效果，此时在时间轴窗口中可以看到，两个素材的衔接位置已显示"立方体旋转"过渡图示，如下图所示。

步骤 06 查看默认设置下的过渡效果。在节目监视器窗口中播放视频，查看默认设置下的"立方体旋转"过渡效果，当视频播放至"00:00:04:22"位置时，图像的过渡效果如下图所示。

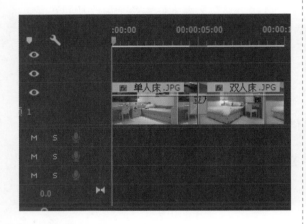

步骤 07 隐藏时间轴视图。在源监视器窗口中，❶单击"效果控件"标签，❷在打开的"效果控件"面板中，单击"显示/隐藏时间轴视图"按钮▶，隐藏时间轴视图，如下图所示。

步骤 08 单击"立方体旋转"过渡图示。在时间轴窗口中单击"立方体旋转"过渡图示，此时"效果控件"面板如下图所示。

步骤 09 设置"立方体旋转"过渡的持续时间。在"效果控件"面板中单击"持续时间"选项右侧的数字，在打开的输入框中设置持续时间为"00:00:02:00"，如下左图所示。

步骤 10 查看"持续时间"设置结果。此时观察时间轴窗口，可以发现"立方体旋转"过渡图示的宽度扩大为原来的2倍，如下右图所示。

步骤 11 设置"立方体旋转"的运动方向。在"效果控件"面板的"立方体旋转"选项组中，单击缩略图上方的三角形图标■，即可设置"立方体旋转"过渡的方向为自北向南变化，如下图所示。

步骤 12 设置"立方体旋转"的对齐方式。在"效果控件"面板中，❶单击"对齐"下拉按钮，❷在弹出的下拉列表中单击"起点切入"选项，即将图像 A 持续时间播放完成后才开始过渡为图像 B，如下图所示。

 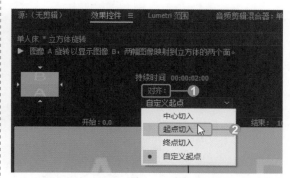

步骤 13 显示为源图像。勾选"显示实际源"复选框，此时图像 A、B 分别显示为"单人床 .jpg"和"双人床 .jpg"素材，如下图所示。

步骤 14 查看"立方体旋转"过渡效果。单击节目监视器窗口中的"播放 - 停止切换"按钮■，播放视频，查看过渡效果。当视频播放至"00:00:05:08"位置时，图像过渡效果如下图所示。

技巧提示

　　要设置过渡的持续时间，除了本实例中介绍的方法外，还有其他两种方法：一是在时间轴窗口中双击过渡图示，然后在打开的"设置过渡持续时间"对话框中进行设置；二是在时间轴窗口中或"效果控件"面板中的时间轴视图上直接拖动过渡图示边缘进行设置。

实例35——翻转过渡效果

"翻转"过渡能使一个素材翻转到所选颜色后显示另一素材,从而实现立体翻转的过渡效果。本实例将通过对"翻转"相关参数的设置,制作视频的翻转过渡效果。

原始文件	随书资源 \06\ 素材 \02.prproj
最终文件	随书资源 \06\ 源文件 \ 翻转过渡效果 .prproj

步骤 01 导入素材至时间轴窗口。打开项目文件 02.prproj,将项目窗口中的"彩铅 .jpg"与"笔头 .jpg"素材拖动至时间轴 V1 轨道上,使两个素材首尾衔接起来,如下图所示。

步骤 02 单击"翻转"过渡。在"效果"面板中,①单击"视频过渡"选项组中的"3D 运动"下拉按钮,②在展开的下拉列表中单击"翻转"过渡,如下图所示。

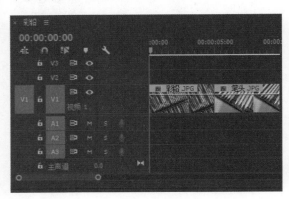

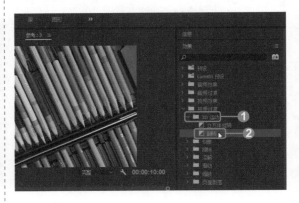

步骤 03 拖动"翻转"过渡至时间轴窗口。按住"翻转"过渡不放,将其拖动至时间轴窗口中"笔头 .jpg"素材的开始位置,此时鼠标指针的右下方出现▐图形,如下图所示。

步骤 04 应用"翻转"过渡。释放鼠标,应用"翻转"过渡,此时时间轴上会显示"翻转"过渡图示,如下图所示。

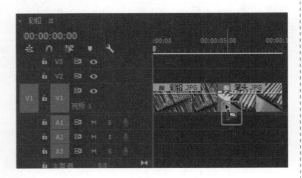

步骤 05 查看默认设置下的过渡效果。在节目监视器窗口中播放视频,查看默认设置下的"翻转"过渡效果。下左图所示为视频播放至"00:00:05:16"位置时的过渡效果。

步骤 06 单击"翻转"过渡图示。在时间轴窗口中单击"翻转"过渡图示,再打开"效果控件"面板,如下右图所示。

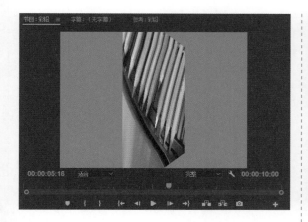

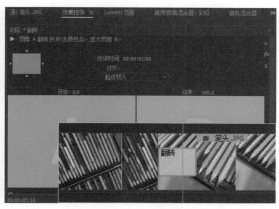

步骤 07 设置"翻转"过渡的持续时间。在"效果控件"面板中单击"持续时间"选项右侧的数字，并在弹出的输入框中将"持续时间"设置为"00:00:01:20"，如下图所示。

步骤 08 勾选"显示实际源"复选框。拖动"效果控件"面板右侧的滚动条至底部，勾选"显示实际源"复选框，此时图像 A、B 分别显示为"彩铅 .jpg"和"笔头 .jpg"素材图像，如下图所示。

步骤 09 自定义翻转参数。❶单击"效果控件"面板中的"自定义"按钮，打开"翻转设置"对话框，❷设置"带"值为 2，❸单击"填充颜色"选项右侧的颜色块，如下图所示。

步骤 10 设置翻转的"填充颜色"。打开"拾色器"对话框，❶设置颜色值为 R188、G223、B208，❷单击"确定"按钮，完成设置，如下图所示。

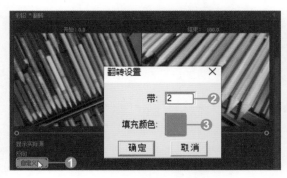

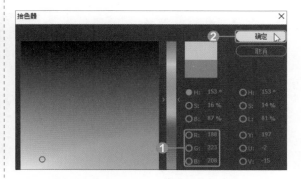

步骤 11 参数设置完成。返回"翻转设置"对话框，"填充颜色"变为浅绿色，如右图所示。单击"确定"按钮，应用设置，即"彩铅 .jpg"素材完全翻转至浅绿色后，显示"笔头 .jpg"素材。

步骤 12 设置"自南向北"的翻转方向。拖动"效果控件"面板右侧的滚动条至顶部,单击缩略图下方的三角形图标，设置"自南向北"的翻转方向,如右图所示。

步骤 13 查看"翻转"过渡效果。在节目监视器窗口中单击"播放 - 停止切换"按钮，播放视频,当视频播放至"00:00:05:05"位置时,图像的过渡效果如下图所示。

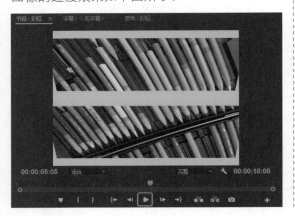

步骤 14 继续查看"翻转"过渡效果。继续在节目监视器窗口中查看"翻转"过渡效果,当视频播放至"00:00:05:22"位置时,图像完全翻转至所选颜色,如下图所示。

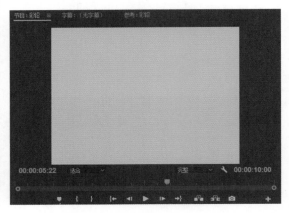

实例36——十字交叉划像过渡效果

　　"交叉划像"过渡能使图像 B 呈十字交叉状在图像 A 上展开,交叉形状逐渐放大,最终充满屏幕并覆盖图像 A。本实例将通过应用"交叉划像"过渡,制作保温杯商品视频的转场效果。

原始文件	随书资源 \06\ 素材 \03.prproj
最终文件	随书资源 \06\ 源文件 \ 十字交叉划像过渡效果 .prproj

步骤 01 导入"杯口 .jpg"素材至时间轴窗口。打开项目文件 03.prproj,将项目窗口中的"杯口 .jpg"素材拖动至时间轴 V1 轨道上,如下图所示。

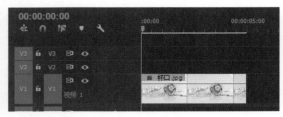

步骤 02 导入"杯身 .jpg"素材至时间轴窗口。将项目窗口中的"杯身 .jpg"素材拖动至时间轴 V2 轨道上并移动位置,使其一部分与"杯口 .jpg"素材重叠,如下图所示。

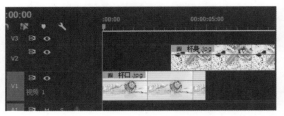

步骤 03 单击"交叉划像"过渡。在"效果"面板中，❶单击"视频过渡"选项组中的"划像"下拉按钮，❷在展开的下拉列表中单击"交叉划像"过渡，如下图所示。

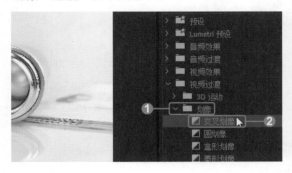

步骤 04 拖动"交叉划像"过渡至时间轴窗口。按住"交叉划像"过渡不放，并将其拖动至时间轴窗口中的"杯身 .jpg"素材的开始位置，此时鼠标指针的右下方出现▐图形，如下图所示。

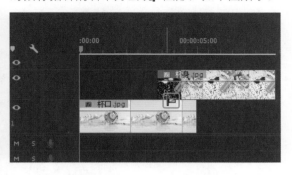

步骤 05 应用"交叉划像"过渡。释放鼠标，应用"交叉划像"过渡，此时在时间轴窗口中的"杯身 .jpg"素材上显示"交叉划像"过渡图示，如下图所示。

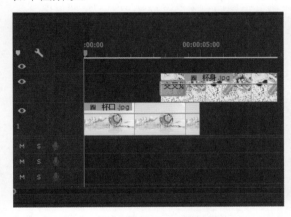

步骤 06 查看默认设置下的视频过渡效果。在节目监视器窗口中播放视频，查看默认设置下的"交叉划像"过渡效果。下图所示为视频播放至"00:00:03:12"位置时的效果。

步骤 07 单击"交叉划像"过渡图示。在时间轴窗口中单击"交叉划像"过渡图示，再打开"效果控件"面板，如下图所示。

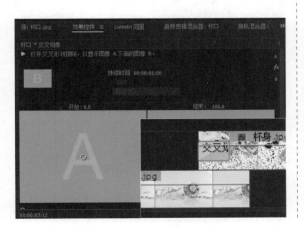

步骤 08 设置过渡的"边框宽度"参数。拖动"效果控件"面板右侧的滚动条至底部，设置"边框宽度"值为 10，下图所示为过渡边框宽度的设置效果。

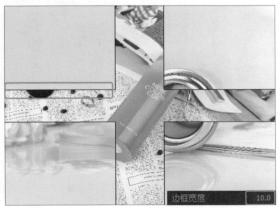

步骤 09 查看设置参数后的"交叉划像"过渡效果。单击节目监视器窗口中的"播放 - 停止切换"按钮▶，播放视频，查看过渡效果，当视频播放至"00:00:03:18"位置时，效果如右图所示。

技巧提示

若要删除添加的过渡效果，可在时间轴窗口中单击相应的过渡图示，再按 Delete 键。

实例37——圆划像过渡效果

　　"圆划像"过渡能使后一个剪辑的图像呈圆形在前一个剪辑的图像上展开，并通过逐渐放大圆形，最终充满屏幕并覆盖前一个剪辑的图像。本实例将应用"圆划像"过渡对视频进行转场编辑，并设置相关参数，即调整划像部分的边框颜色、宽度等，使创建的视频过渡效果更加自然，增添画面转场的美感。

原始文件	随书资源 \06\ 素材 \04.prproj
最终文件	随书资源 \06\ 源文件 \ 圆划像过渡效果 .prproj

步骤 01 导入"叶形耳坠 .jpg"素材至时间轴窗口。打开项目文件 04.prproj，将项目窗口中的"叶形耳坠 .jpg"素材拖动至时间轴 V1 轨道上，如下图所示。

步骤 02 导入"环形耳坠 .jpg"素材至时间轴窗口。将项目窗口中的"环形耳坠 .jpg"素材拖动至时间轴 V2 轨道上并移动位置，使其一部分与"叶形耳坠 .jpg"素材重叠，如下图所示。

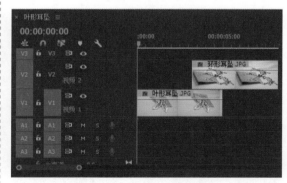

步骤 03 单击"圆划像"过渡。在"效果"面板中，❶单击"视频过渡"选项组中的"划像"下拉按钮，❷在展开的下拉列表中单击"圆划像"过渡，如右图所示。

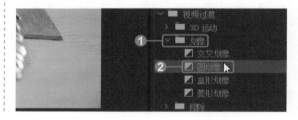

步骤 04 拖动"圆划像"过渡至时间轴窗口。按住"圆划像"过渡不放，将其拖动至时间轴窗口中的"环形耳坠.jpg"素材的开始位置，此时鼠标指针的右下方出现▣图形，如下图所示。

步骤 05 应用"圆划像"过渡。释放鼠标，应用"圆划像"过渡，此时时间轴窗口中的"环形耳坠.jpg"素材上显示"圆划像"过渡图示，如下图所示。

步骤 06 查看默认设置下的"圆划像"过渡效果。在节目监视器窗口中播放视频，查看默认设置下的"圆划像"过渡效果，下图所示为视频播放至"00:00:03:17"位置时的过渡效果。

步骤 07 单击"圆划像"过渡图示。单击时间轴窗口中的"圆划像"过渡图示，再打开"效果控件"面板，如下图所示。

步骤 08 勾选"显示实际源"复选框。按住"效果控件"面板右侧的滚动条不放，将其拖动至底部，勾选"显示实际源"复选框，此时图像A显示为黑色，图像B显示为"环形耳坠.jpg"素材图像，如下图所示。

步骤 09 设置"边框宽度"参数。在"效果控件"面板中，❶设置"边框宽度"值为5，❷单击"边框颜色"选项右侧的"吸管工具"按钮✐，如下图所示。

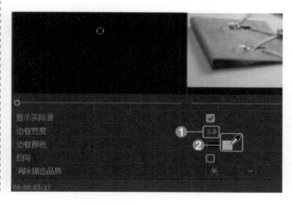

步骤 10 设置过渡的"边框颜色"参数。将鼠标移至节目监视器窗口中，单击图像，将"边框颜色"设置为单击位置的颜色，如下图所示。此时，"边框颜色"选项的颜色块变成相应的颜色。

步骤 11 查看"边框宽度"和"边框颜色"设置效果。观察节目监视器窗口，查看设置"边框宽度"和"边框颜色"参数后，"圆划像"过渡的效果，如下图所示。

步骤 12 设置"圆划像"过渡的"开始"和"结束"参数。在"效果控件"面板中，❶设置图像 A 上方的"开始"值为 20，❷设置图像 B 上方的"结束"值为 90，如下图所示。

步骤 13 查看"圆划像"过渡效果。单击节目监视器窗口中的"播放 - 停止切换"按钮▶，播放视频，查看"圆划像"过渡效果，当视频播放至"00:00:03:24"位置时，视频的"圆划像"过渡效果如下图所示。

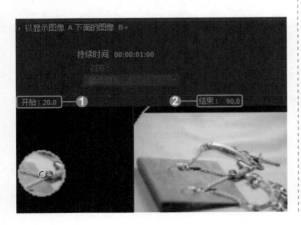

实例38——划出过渡效果

"划出"过渡可以使上层素材图像以移动擦除的方式退出画面，同时逐渐显示被遮住的下层素材图像，直至下层素材图像完全显示在画面中。本实例将应用"划出"过渡对视频进行转场编辑。

	原始文件	随书资源 \06\ 素材 \05.prproj
	最终文件	随书资源 \06\ 源文件 \ 划出过渡效果 .prproj

步骤 01 **导入"彩色杯.jpg"素材至时间轴窗口。**打开项目文件 05.prproj，将项目窗口中的"彩色杯.jpg"素材拖动至时间轴窗口，如下图所示。

步骤 02 **将"彩色杯.jpg"素材拖动至时间轴V2 轨道上。**在时间轴窗口中单击"彩色杯.jpg"素材，将其拖动至时间轴 V2 轨道上，如下图所示。

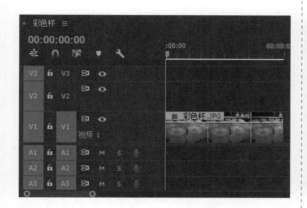

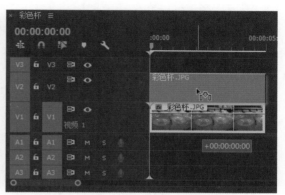

步骤 03 **导入"透明玻璃杯.jpg"素材至时间轴 V1 轨道上。**在项目窗口中单击"透明玻璃杯.jpg"素材，将其拖动至时间轴 V1 轨道上并移动位置，使其一部分与"彩色杯.jpg"素材重叠，如下图所示。

步骤 04 **单击"划出"过渡。**在"效果"面板中，❶单击"视频过渡"选项组中的"擦除"下拉按钮，❷在展开的下拉列表中单击"划出"过渡，如下图所示。

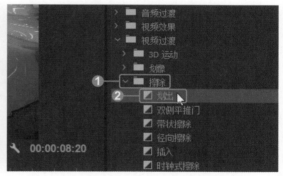

步骤 05 **拖动"划出"过渡至时间轴窗口。**按住"划出"过渡不放，将其拖动至时间轴窗口中"彩色杯.jpg"素材的末尾位置，此时鼠标指针的右下方出现▢图形，如下图所示。

步骤 06 **应用"划出"过渡。**释放鼠标，应用"划出"过渡，在时间轴窗口中的"彩色杯.jpg"素材上方显示"划出"过渡图示，如下图所示。

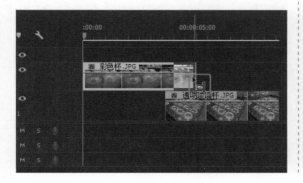

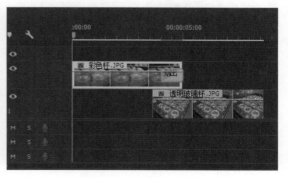

步骤 07 **查看默认设置下的"划出"过渡效果。**
在节目监视器窗口中播放视频，查看过渡效果，
默认设置下的"划出"过渡为从左至右划出，
如下图所示。

步骤 08 **单击"划出"过渡图示。** 单击时间轴窗
口中的"划出"过渡图示，再打开"效果控件"
面板，如下图所示。

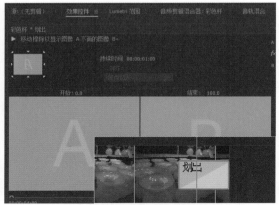

步骤 09 **设置"划出"过渡的方向。** 在"效果控
件"面板中，单击缩略图右上角的三角形图
标 ，设置"划出"过渡的方向为自东北向西
南方向，如右图所示。

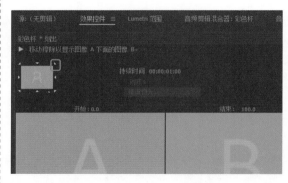

步骤 10 **查看"自东北向西南"方向的过渡效果。**
单击"效果控件"面板中的"播放过渡"按钮，
在下方的缩览图中可以预览"自东北向西南"
方向过渡的效果，如下图所示。

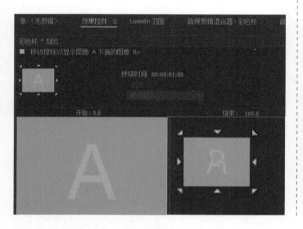

步骤 11 **查看"划出"过渡效果。** 在节目监视器
窗口中单击"播放 - 停止切换"按钮 ，播放
视频，查看"划出"过渡效果，当视频播放至
"00:00:04:15"位置时，图像的"划出"过渡
效果如下图所示。

实例39——油漆飞溅过渡效果

使用"油漆飞溅"过渡效果可使后一素材图像呈油漆飞溅的形式在前一素材图像上展开，油漆飞溅范围逐渐扩大，最终充满屏幕并覆盖前一素材图像。本实例将应用"油漆飞溅"过渡制作视频的转场效果。

原始文件	随书资源 \06\ 素材 \06.prproj
最终文件	随书资源 \06\ 源文件 \ 油漆飞溅过渡效果 .prproj

步骤 01 导入"迷你兔毛绒玩具 .mp4"素材至时间轴窗口。打开项目文件 06.prproj，将项目窗口中的"迷你兔毛绒玩具 .mp4"素材拖动至时间轴 V1 轨道上，如下图所示。

步骤 02 导入"哈士奇毛绒玩具 .mp4"素材至时间轴窗口。将项目窗口中的"哈士奇毛绒玩具 .mp4"素材拖动至时间轴 V2 轨道上并移动位置，使其一部分与"迷你兔毛绒玩具 .mp4"素材重叠，如下图所示。

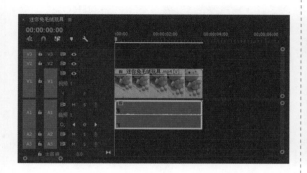

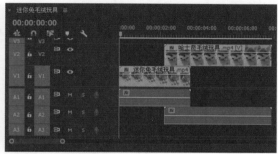

步骤 03 单击"油漆飞溅"过渡。在"效果"面板中，❶单击"视频过渡"选项组中的"擦除"下拉按钮，❷在展开的下拉列表中单击"油漆飞溅"过渡，如下图所示。

步骤 04 拖动"油漆飞溅"过渡至时间轴窗口。按住"油漆飞溅"过渡不放，将其拖动至时间轴窗口中"哈士奇毛绒玩具 .mp4"素材的开始位置，此时鼠标指针的右下方出现┣图形，如下图所示。

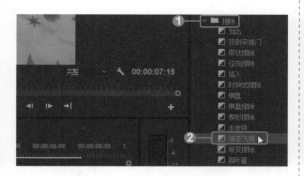

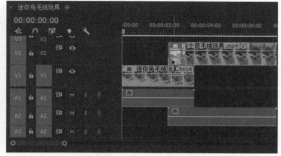

步骤 05 应用"油漆飞溅"过渡。释放鼠标，应用"油漆飞溅"过渡，此时在时间轴窗口中"哈士奇毛绒玩具 .mp4"素材上方显示"油漆飞溅"过渡图示，如下左图所示。

步骤 06 查看默认设置下的过渡效果。在节目监视器窗口中播放视频，查看"油漆飞溅"过渡的默认效果，当视频播放至"00:00:02:19"位置时，图像的过渡效果如下右图所示。

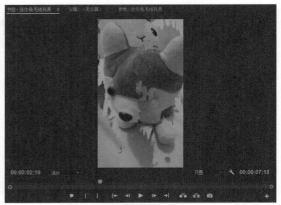

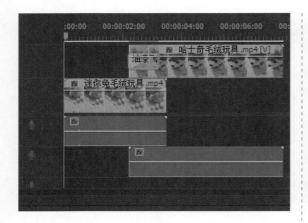

步骤 07 单击"油漆飞溅"过渡图示。单击时间轴窗口中的"油漆飞溅"过渡图示，再打开"效果控件"面板，如下图所示。

步骤 08 设置过渡的持续时间。在"效果控件"面板中，设置"油漆飞溅"过渡的"持续时间"值为"00:00:01:00"，如下图所示。

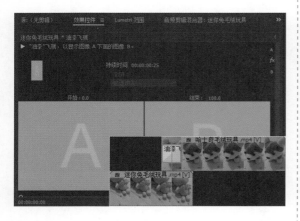

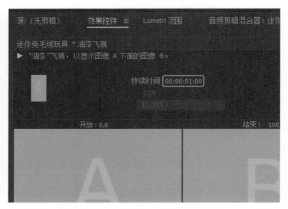

步骤 09 设置过渡的"开始"参数。在"效果控件"面板中，设置图像 A 上方的"开始"值为25，如下图所示。

步骤 10 查看"油漆飞溅"过渡效果。在节目监视器窗口中单击"播放 - 停止切换"按钮▶，播放视频，查看"油漆飞溅"过渡效果，当视频播放至"00:00:02:07"位置时，图像的过渡效果如下图所示。

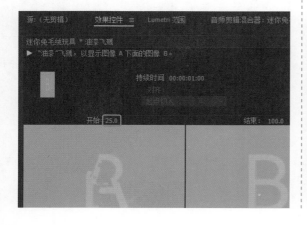

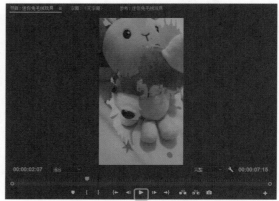

步骤 11 继续查看"油漆飞溅"过渡效果。继续播放视频，查看"油漆飞溅"过渡效果，当视频播放至"00:00:02:22"位置时，图像的过渡效果如右图所示。

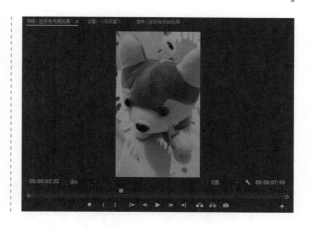

实例40——风车旋转过渡效果

为了使商品视频转场更具动感，可对其应用"风车"过渡效果，其中一个图像将以风车转动的方式出现，旋转的风车扇叶逐渐变大，直至遮盖另一图像。本实例将应用"风车"过渡进行视频转场编辑，并通过变化参数，实现不同的转场效果。

原始文件	随书资源 \06\ 素材 \07.prproj
最终文件	随书资源 \06\ 源文件 \ 风车旋转过渡效果 .prproj

步骤 01 导入"布鞋 01.jpg"素材至时间轴窗口。打开项目文件 07.prproj，将项目窗口中的"布鞋 01.jpg"素材拖动至时间轴 V1 轨道上，如下图所示。

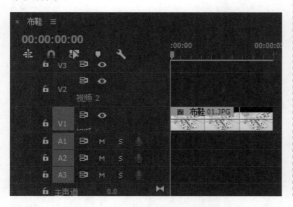

步骤 02 导入"布鞋 02.jpg"素材至时间轴窗口。将项目窗口中的"布鞋 02.jpg"素材拖动至时间轴 V2 轨道上并移动位置，使其一部分与"布鞋 01.jpg"素材重合，如下图所示。

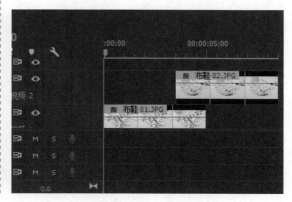

知识拓展

视频过渡图示在时间轴上的位置即表示其对齐方式。例如，对于同一时间轴轨道上相衔接的两个素材来说，若图示位于前一素材的末尾位置，则过渡的对齐方式为"终点切入"；若图示位于时间轴上两个素材的中间位置，则过渡的对齐方式为"中心切入"；若图示位于时间轴上后一素材的开始位置，则过渡的对齐方式为"起点切入"。

步骤03 单击"风车"过渡。在"效果"面板中，❶单击"视频过渡"选项组中的"擦除"下拉按钮，❷在展开的下拉列表中单击"风车"过渡，如下图所示。

步骤04 拖动"风车"过渡至时间轴窗口。按住"风车"过渡不放，将其拖动至时间轴窗口中"布鞋 02.jpg"素材的开始位置，此时鼠标指针的右下方出现▐图形，如下图所示。

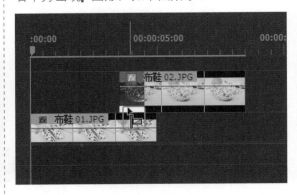

步骤05 应用"风车"过渡。释放鼠标，应用"风车"过渡，此时时间轴窗口中的"布鞋02.jpg"素材上显示"风车"过渡图示，如下图所示。

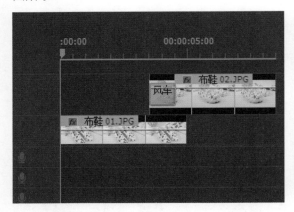

步骤06 查看默认设置下的"风车"过渡效果。在节目监视器窗口中播放视频，查看默认设置下的风车旋转过渡效果，当视频播放至"00:00:03:24"位置时，效果如下图所示。

步骤07 单击"风车"过渡图示。单击时间轴窗口中的"风车"过渡图示，再打开"效果控件"面板，如下图所示。

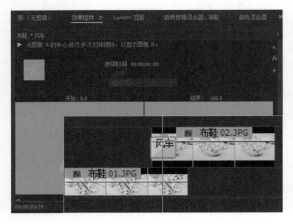

步骤08 设置"风车"过渡的"开始"参数。在"效果控件"面板中，设置图像 A 上方的"开始"值为 21，如下图所示。

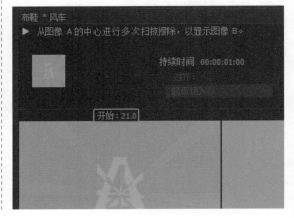

步骤 09 设置"风车"过渡的"楔形数量"参数。在"效果控件"面板中将右侧的滚动条拖至底部，❶单击"自定义"按钮，打开"风车设置"对话框，❷设置"楔形数量"值为10，❸单击"确定"按钮，完成设置，如右图所示。

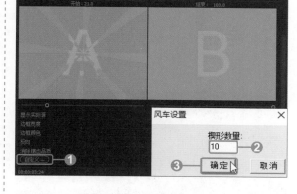

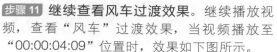

步骤 10 查看风车过渡效果。在节目监视器窗口中单击"播放-停止切换"按钮▶，播放视频，查看"风车"过渡效果，当视频播放至"00:00:03:24"位置时，效果如下图所示。

步骤 11 继续查看风车过渡效果。继续播放视频，查看"风车"过渡效果，当视频播放至"00:00:04:09"位置时，效果如下图所示。

实例41——渐隐为黑色过渡效果

　　"渐隐为黑色"过渡能使前一个图像逐渐隐至黑色，再显示后一个图像，多用于展示同一商品的不同功能、使用方法等。"渐隐为黑色"过渡也可用于视频的开始或结束位置，以创建自然渐现或渐隐的过渡效果。本实例将在两个手表素材图像的中间位置添加"渐隐为黑色"过渡，表现手表的正面和侧面特征。

原始文件	随书资源 \06\ 素材 \08.prproj
最终文件	随书资源 \06\ 源文件 \ 渐隐为黑色过渡效果 .prproj

步骤 01 导入素材至时间轴窗口。打开项目文件08.prproj，将项目窗口中的"手表正面 .jpg"与"手表侧面 .jpg"素材拖动至时间轴V1轨道上，并让两个素材首尾衔接，如右图所示。

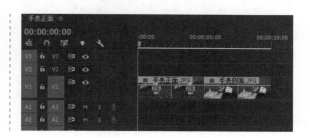

步骤 02 单击"渐隐为黑色"过渡。在"效果"面板中，❶单击"视频过渡"选项组中的"溶解"下拉按钮，❷在展开的下拉列表中单击"渐隐为黑色"过渡，如下图所示。

步骤 03 拖动"渐隐为黑色"过渡至时间轴窗口。按住"渐隐为黑色"过渡不放，将其拖动至时间轴窗口中"手表侧面.jpg"素材的开始位置，此时鼠标指针的右下方出现▐图形，如下图所示。

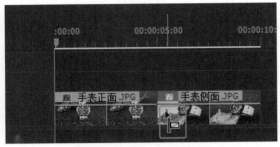

步骤 04 应用"渐隐为黑色"过渡。释放鼠标，应用"渐隐为黑色"过渡效果，此时时间轴窗口中的"手表侧面.jpg"素材上显示"渐隐为黑色"过渡图示，如下图所示。

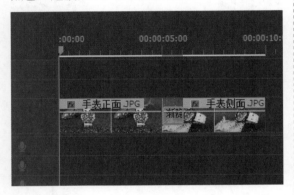

步骤 05 单击"渐隐为黑色"过渡图示。单击时间轴窗口中的"渐隐为黑色"过渡图示，再打开"效果控件"面板，如下图所示。

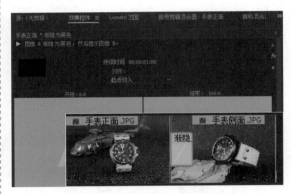

步骤 06 设置过渡的"开始"和"结束"参数。在"效果控件"面板中，❶设置图像A上方的"开始"值为20，❷设置图像B上方的"结束"值为80，如下图所示。

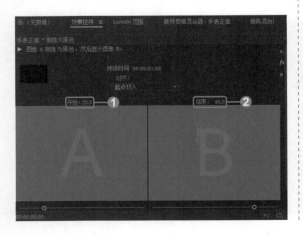

步骤 07 查看"渐隐为黑色"过渡效果。在节目监视器窗口中单击"播放-停止切换"按钮▶，播放视频，查看"渐隐为黑色"过渡效果，当视频播放至"00:00:05:02"位置时，效果如下图所示。

步骤08 继续查看"渐隐为黑色"过渡效果。继续播放视频，查看"渐隐为黑色"过渡效果，当视频播放至"00:00:05:09"位置时，效果如右图所示。

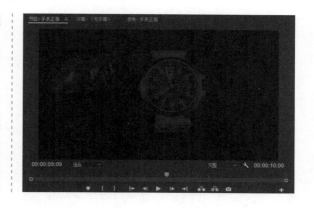

实例42——胶片溶解过渡效果

"胶片溶解"过渡可使一个图像以线性的方式逐渐溶解入另一个图像中，直至完全消失为止。本实例将通过应用"胶片溶解"过渡，制作视频的转场效果。

原始文件	随书资源 \06\ 素材 \09.prproj
最终文件	随书资源 \06\ 源文件 \ 胶片溶解过渡效果 .prproj

步骤01 导入素材至时间轴窗口。打开项目文件09.prproj，将项目窗口中的"书包 01.jpg"与"书包 02.jpg"素材拖动至时间轴 V1 轨道上，并让两个素材首尾衔接，如下图所示。

步骤02 单击"胶片溶解"过渡。在"效果"面板中，❶单击"视频过渡"选项组中的"溶解"下拉按钮，❷在展开的下拉列表中单击"胶片溶解"过渡，如下图所示。

步骤03 拖动"胶片溶解"过渡至时间轴窗口。按住"胶片溶解"过渡不放，将其拖动至时间轴窗口中"书包 01.jpg"素材的开始位置，此时鼠标指针的右下方出现▣图形，如右图所示。

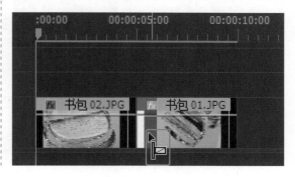

步骤 04 应用"胶片溶解"过渡。释放鼠标，应用"胶片溶解"过渡，此时时间轴窗口中的"书包 01.jpg"素材上方显示"胶片溶解"过渡图示，如下图所示。

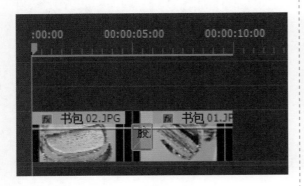

步骤 05 单击"胶片溶解"过渡图示。单击时间轴窗口中的"胶片溶解"过渡图示，再打开"效果控件"面板，如下图所示。

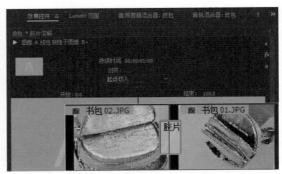

步骤 06 设置对齐方式。在"效果控件"面板中，❶单击"对齐"下拉按钮，❷在展开的下拉列表中单击"中心切入"选项，如下图所示。

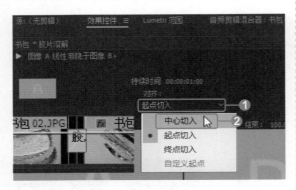

步骤 07 设置"结束"参数。在"效果控件"面板中，设置"胶片溶解"过渡的"结束"值为80，如下图所示。

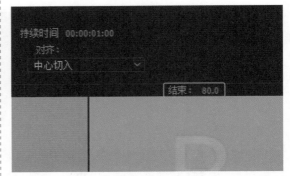

步骤 08 查看"胶片溶解"过渡效果。在节目监视器窗口中单击"播放-停止切换"按钮▶，播放视频，查看"胶片溶解"过渡效果，当视频播放至"00:00:04:20"位置时，图像的过渡效果如下图所示。

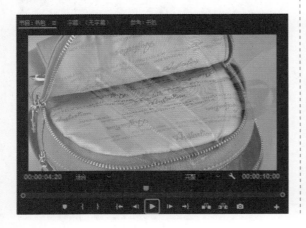

步骤 09 继续查看"胶片溶解"过渡效果。继续播放视频，查看"胶片溶解"过渡效果，当视频播放至"00:00:05:09"位置时，图像的过渡效果如下图所示。

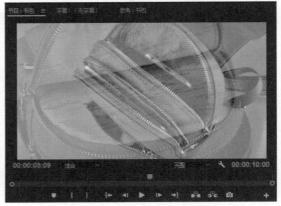

实例43——非叠加溶解过渡效果

"非叠加溶解"过渡能从后一幅图像最亮的部分开始以渗透的方式出现,直到完全出现,并遮盖前一幅图像,从而完成视频转场。本实例通过在两个素材图像中间应用"非叠加溶解"过渡效果展示不同的玩具。

原始文件	随书资源 \06\ 素材 \10.prproj
最终文件	随书资源 \06\ 源文件 \ 非叠加溶解过渡效果 .prproj

步骤 01 导入素材至时间轴窗口。打开项目文件 10.prproj,将项目窗口中的"泥人 .jpg"与"布偶 .jpg"素材拖动至时间轴 V1 轨道上,并让两个素材首尾衔接,如下图所示。

步骤 02 在源监视器窗口中打开"布偶 .jpg"素材。在时间轴窗口中双击"布偶 .jpg"素材,使其在源监视器窗口中打开,打开后的效果如下图所示。

步骤 03 设置"布偶 .jpg"素材的缩放大小。打开"效果控件"面板,在"运动"选项组中设置素材的"缩放"值为 81,如下图所示。

步骤 04 查看缩放效果。将播放指示器定位于"00:00:05:13"位置,此时,"布偶 .jpg"素材图像已显示完全,如下图所示。

117

步骤05 单击"非叠加溶解"过渡。在"效果"面板中，❶单击"视频过渡"选项组中的"溶解"下拉按钮，❷在展开的下拉列表中单击"非叠加溶解"过渡，如下图所示。

步骤06 拖动"非叠加溶解"过渡至时间轴窗口。按住"非叠加溶解"过渡不放，将其拖动至时间轴窗口中"布偶.jpg"素材的开始位置，此时鼠标指针的右下方出现┗图形，如下图所示。

步骤07 应用"非叠加溶解"过渡。释放鼠标，应用"非叠加溶解"过渡，在时间轴窗口中的"布偶.jpg"素材上方显示"非叠加溶解"过渡图示，如下图所示。

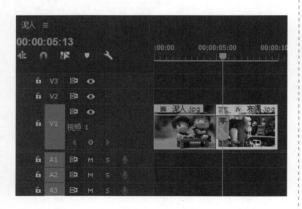

步骤08 单击"非叠加溶解"过渡图示。单击时间轴窗口中的"非叠加溶解"过渡图示，再打开"效果控件"面板，如下图所示。

步骤09 勾选"显示实际源"复选框。将"效果控件"面板右侧的滚动条拖动至底部，勾选"显示实际源"复选框，如下图所示。

步骤10 设置"非叠加溶解"过渡的"结束"参数。在"效果控件"面板中，设置图像 B 上方的"结束"值为 99.5，如下图所示。

步骤 11 查看"非叠加溶解"过渡效果。在节目监视器窗口中单击"播放 - 停止切换"按钮▶，播放视频，查看"非叠加溶解"过渡效果，当视频播放至"00:00:05:24"位置时，效果如右图所示。

实例44——带状交叉滑动过渡效果

　　"带状滑动"过渡可使后一个图像在水平、垂直或对角线的方向上以条形方式滑入，并逐渐覆盖前一个图像。需要注意的是，在应用该过渡时，其"带数量"参数应参照商品图像整体画面背景的情况设置，在过于丰富的背景中不宜设置过多的带数量。本实例将应用"带状滑动"过渡制作视频的转场效果。

原始文件	随书资源 \06\ 素材 \11.prproj
最终文件	随书资源 \06\ 源文件 \ 带状交叉滑动过渡效果 .prproj

步骤 01 导入素材至时间轴窗口。打开项目文件 11.prproj，将项目窗口中的"沙发侧面 .jpg"与"沙发正面 .jpg"素材拖动至时间轴 V1 轨道上，并让两个素材首尾衔接，如下图所示。

步骤 02 单击"带状滑动"过渡。在"效果"面板中，❶单击"视频过渡"选项组中的"滑动"下拉按钮，❷在展开的下拉列表中单击"带状滑动"过渡，如下图所示。

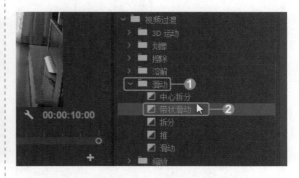

步骤 03 拖动"带状滑动"过渡至时间轴窗口。按住"带状滑动"过渡不放，将其拖动至时间轴窗口中"沙发侧面 .jpg"素材的开始位置，此时鼠标指针的右下方出现▸图形，如右图所示。

步骤 04 应用"带状滑动"过渡。释放鼠标，应用"带状滑动"过渡，此时时间轴窗口中的"沙发侧面 .jpg"素材上方显示"带状滑动"过渡图示，如下图所示。

步骤 05 查看默认设置下的过渡效果。在节目监视器窗口中播放视频，查看默认设置下的"带状滑动"过渡效果。下图所示为视频播放至"00:00:00:13"位置时的效果。

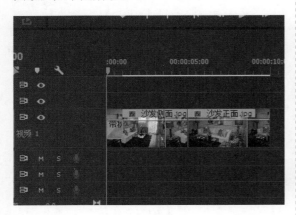

步骤 06 继续应用"带状滑动"过渡。使用相同的方法，在"沙发正面 .jpg"素材的开始位置应用"带状滑动"过渡，如下图所示。

步骤 07 单击"带状滑动"过渡图示。在时间轴窗口中的"沙发正面 .jpg"素材中单击"带状滑动"过渡图示，再打开"效果控件"面板，如下图所示。

步骤 08 设置"带状滑动"过渡的方向。在"效果控件"面板中，单击缩略图左上角的三角形按钮■，设置"带状滑动"过渡的方向为自西北向东南方向，如下图所示。

步骤 09 设置"带数量"参数。在"效果控件"面板中，❶单击"自定义"按钮，❷在打开的"带状滑动设置"对话框中设置"带数量"值为 10，❸单击"确定"按钮，如下图所示。

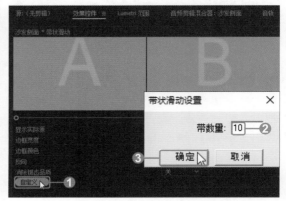

部分视频过渡除了用于在两个相邻素材之间制作视频转场效果外，还可以用于在单一素材的开头或末尾位置制作画面的进入或退出效果。

步骤 10 查看带状交叉滑动过渡效果。在节目监视器窗口中单击"播放 - 停止切换"按钮▶，播放视频，查看"带状滑动"过渡效果，当视频播放至"00:00:05:12"位置时，效果如下图所示。

步骤 11 继续查看带状交叉滑动过渡效果。继续播放视频，查看"带状滑动"过渡效果，当视频播放至"00:00:05:19"位置时，效果如下图所示。

实例45——画面推入过渡效果

"推"过渡可以实现后一个图像将前一个图像推到一边的视频转场效果。本实例将应用"推"过渡制作商品视频的转场效果。

原始文件	随书资源 \06\ 素材 \12.prproj
最终文件	随书资源 \06\ 源文件 \ 画面推入过渡效果 .prproj

步骤 01 导入素材至时间轴窗口。打开项目文件 12.prproj，将项目窗口中的"原木橱柜 .jpg"与"现代橱柜 .jpg"素材拖动至时间轴 V1 轨道上，并让两个素材首尾衔接，如下图所示。

步骤 02 单击"推"过渡。在"效果"面板中，❶单击"视频过渡"选项组中的"滑动"下拉按钮，❷在展开的下拉列表中单击"推"过渡，如下图所示。

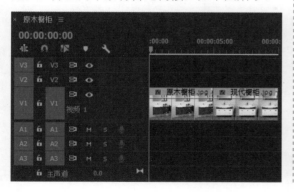

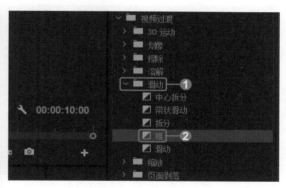

步骤 03 拖动"推"过渡至时间轴窗口。按住"推"过渡不放，将其拖动至时间轴窗口中"现代橱柜 .jpg"素材的开始位置，此时鼠标指针的右下方出现┣图形，如下图所示。

步骤 04 应用"推"过渡。释放鼠标，应用"推"过渡，此时时间轴窗口中的"现代橱柜 .jpg"素材上方显示"推"过渡图示，如下图所示。

步骤 05 查看默认设置下的"推"过渡效果。在节目监视器窗口中播放视频，查看"推"过渡效果。下图所示为视频播放至"00:00:05:12"位置时的图像效果。

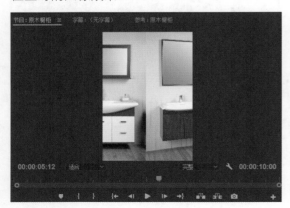

步骤 06 单击"推"过渡图示。单击时间轴窗口中的"推"过渡图示，再打开"效果控件"面板，如下图所示。

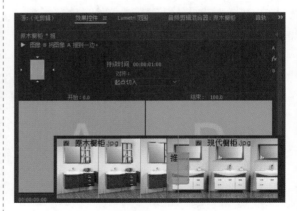

步骤 07 设置持续时间和对齐方式。在"效果控件"面板中，❶设置"持续时间"值为"00:00:02:00"，❷单击"对齐"下拉按钮，❸在展开的下拉列表中单击"中心切入"选项，如下图所示。

步骤 08 设置"边框宽度"参数。将"效果控件"面板右侧的滚动条拖动至底部，❶设置"边框宽度"值为 15，❷单击"边框颜色"选项右侧的"吸管工具"按钮，如下图所示。

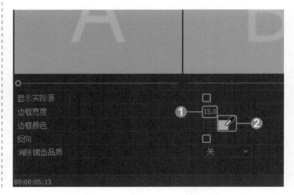

步骤 09 设置过渡的"边框颜色"参数。将鼠标指针移动至节目监视器窗口中，单击图像的适当位置，设置"推"过渡的边框颜色，如下图所示。设置后，"效果控件"面板中的颜色块会发生相应变化。

步骤 11 设置过渡的方向。将"效果控件"面板右侧的滚动条拖动至顶部，并单击缩略图下方的三角形图标，将过渡方向设置为自南向北方向，如下图所示。

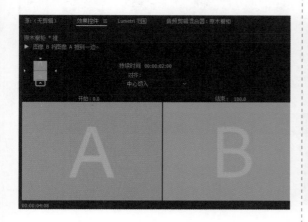

步骤 13 继续查看画面推入过渡效果。继续播放视频，查看"推"过渡效果，当视频播放至"00:00:06:08"位置时，效果如右图所示。

步骤 10 查看边框设置效果。在节目监视器窗口中查看"边框宽度"和"边框颜色"参数的设置效果。此时，在两个图像之间存在一条宽为15的棕黄色边框线，如下图所示。

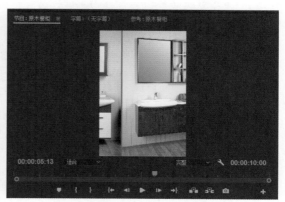

步骤 12 查看画面推入过渡效果。在节目监视器窗口中单击"播放 - 停止切换"按钮▶，播放视频，查看"推"过渡效果，当视频播放至"00:00:05:09"位置时，效果如下图所示。

实例46——交叉缩放过渡效果

为了使商品视频的转场更具趣味性，可以在视频中应用"交叉缩放"过渡。该过渡发生时，前一个图像呈逐渐放大状态退出画面，同时后一个图像呈逐渐缩小状态进入画面。本实例将运用"交叉缩放"过渡创建视频转场效果。

原始文件	随书资源 \06\ 素材 \13.prproj
最终文件	随书资源 \06\ 源文件 \ 交叉缩放过渡效果 .prproj

步骤01 单击"自动匹配序列"按钮。打开项目文件 13.prproj，❶在项目窗口中单击"硬盘 1.mp4"素材，❷在项目窗口下方单击"自动匹配序列"按钮 ，如下图所示，打开"序列自动化"对话框。

步骤02 设置"剪辑重叠"参数。在打开的对话框中，❶设置"剪辑重叠"值为 5，❷单击"剪辑重叠"右侧的下拉按钮，❸在展开的下拉列表中单击"秒"选项，❹单击"确定"按钮，如下图所示。

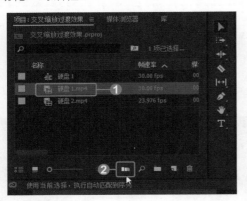

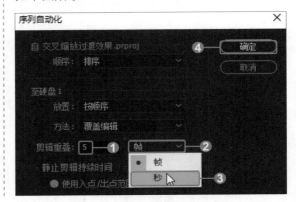

知识拓展

在编辑过程中应用视频过渡时，有时会出现"媒体不足，此过渡将包含重复帧"的提示。解决此问题有以下两种方法：一是先将视频素材放到源监视器窗口中经过剪辑操作后，再添加到时间轴窗口中，对其应用视频过渡；二是向时间轴窗口中导入视频素材时，通过单击项目窗口下方的"自动匹配序列"按钮来进行导入。

步骤03 完成"硬盘 1.mp4"素材的导入。设置完"剪辑重叠"参数后，返回工作界面，可以看到时间轴窗口中已经导入了"硬盘 1.mp4"素材，如下图所示。

步骤04 定位播放指示器。在时间轴窗口中，单击并拖动播放指示器 至"硬盘 1.mp4"素材的末尾位置，如下图所示。

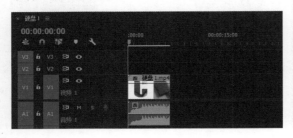

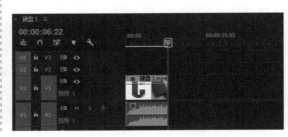

步骤 05 导入"硬盘 2.mp4"素材至时间轴窗口。使用同样的操作方法，将"硬盘 2.mp4"素材导入至时间轴窗口中，并与"硬盘 1.mp4"素材首尾衔接，如下图所示。

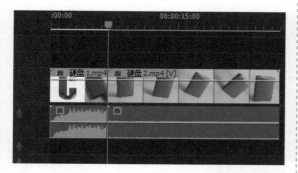

步骤 06 单击"交叉缩放"过渡。在"效果"面板中，❶单击"视频过渡"选项组中的"缩放"下拉按钮，❷在展开的下拉列表中单击"交叉缩放"过渡，如下图所示。

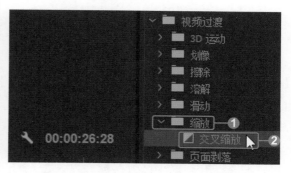

步骤 07 拖动"交叉缩放"过渡至时间轴窗口。按住"交叉缩放"过渡不放，将其拖动至时间轴窗口中"硬盘 2.mp4"素材的开始位置，此时鼠标指针右下方出现▭图形，如下图所示。

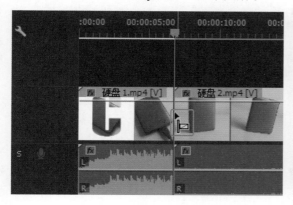

步骤 08 应用"交叉缩放"过渡。释放鼠标，应用"交叉缩放"过渡，此时时间轴窗口中会显示过渡图示，如下图所示。

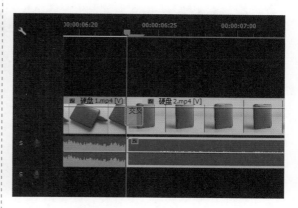

步骤 09 单击"交叉缩放"过渡图示。单击时间轴窗口中的"交叉缩放"过渡图示，再打开"效果控件"面板，如下图所示。

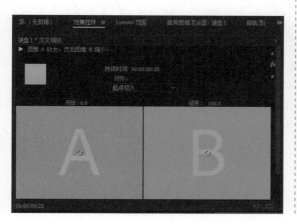

步骤 10 设置持续时间和对齐方式。在"效果控件"面板中，❶设置"交叉缩放"过渡的"持续时间"值为"00:00:02:00"，❷单击"对齐"下拉按钮，❸在展开的下拉列表中单击"中心切入"选项，如下图所示。

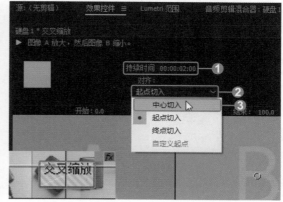

125

步骤11 查看"交叉缩放"过渡效果。在节目监视器窗口中单击"播放-停止切换"按钮▶，播放视频，查看"交叉缩放"过渡效果，当视频播放至"00:00:06:08"位置时，"硬盘1.mp4"素材呈逐渐放大效果，如下图所示。

步骤12 继续查看"交叉缩放"过渡效果。继续播放视频，查看"交叉缩放"过渡效果，当视频播放至"00:00:07:25"位置时，"硬盘2.mp4"素材正在缩小，如下图所示。

实例47——翻页过渡效果

　　"翻页"过渡可以使商品视频转场呈现如翻书一样的过渡效果，即前一个图像发生如翻页般的卷曲，同时后一个图像在翻页过程中逐渐显现出来。本实例将应用"翻页"过渡展示护手霜商品。

原始文件	随书资源 \06\ 素材 \14.prproj
最终文件	随书资源 \06\ 源文件 \ 翻页过渡效果 .prproj

步骤01 单击"自动匹配序列"按钮。打开项目文件14.prproj，❶在项目窗口中单击"护手霜1.mp4"素材，❷单击"自动匹配序列"按钮▥，❸在打开的"序列自动化"对话框中设置参数后单击"确定"按钮，如下图所示。

步骤02 定位播放指示器。返回工作界面，可以看到"护手霜1.mp4"素材已被导入时间轴V1轨道上，单击并拖动播放指示器至"护手霜1.mp4"素材的末尾位置，如下图所示。

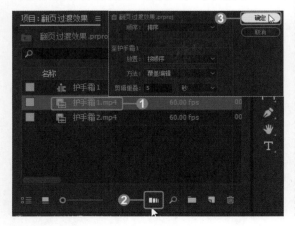
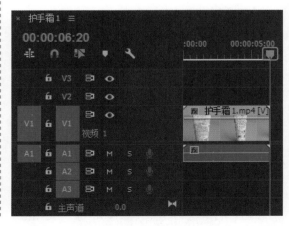

步骤 03 导入"护手霜 2.mp4"素材至时间轴窗口。使用相同的方法，将"护手霜 2.mp4"素材导入至时间轴窗口中，并与"护手霜 1.mp4"素材首尾衔接位置，如下图所示。

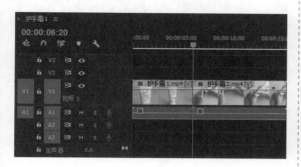

步骤 04 单击"翻页"过渡。在"效果"面板中，❶单击"视频过渡"选项组中的"页面剥落"下拉按钮，❷在展开的下拉列表中单击"翻页"过渡，如下图所示。

步骤 05 拖动"翻页"过渡至时间轴窗口。按住"翻页"过渡不放，将其拖动至时间轴窗口中"护手霜 2.mp4"素材的开始位置，此时鼠标指针的右下方出现▐图形，如下图所示。

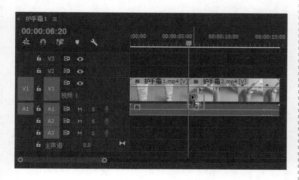

步骤 06 应用"翻页"过渡。释放鼠标，应用"翻页"过渡，并向左拖动时间轴窗口中的缩放滚动条，即可在"护手霜 2.mp4"素材的开始位置看到"翻页"过渡图示，如下图所示。

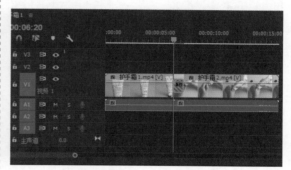

步骤 07 单击"翻页"过渡图示。单击"翻页"过渡图示，再打开"效果控件"面板，如下图所示。

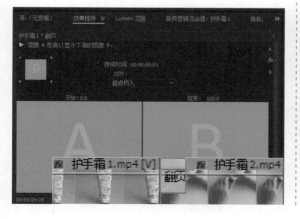

步骤 08 设置过渡的持续时间和对齐方式。在"效果控件"面板中，❶设置"翻页"过渡的"持续时间"值为"00:00:02:00"，❷单击"对齐"下拉按钮，❸在展开的下拉列表中单击"中心切入"选项，如下图所示。

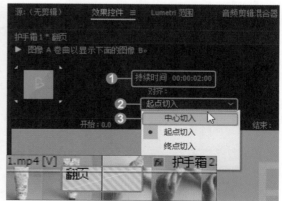

步骤 09 设置"翻页"过渡的方向。在"效果控件"面板中,单击缩略图左下角的三角形图标 ◣,将"翻页"过渡的方向设置为自西南向东北方向,如右图所示。

步骤 10 查看"翻页"过渡效果。在节目监视器窗口中单击"播放 - 停止切换"按钮 ▶,播放视频,查看"翻页"过渡效果,当视频播放至"00:00:06:05"位置时,效果如下图所示。

步骤 11 继续查看"翻页"过渡效果。继续播放视频,查看"翻页"过渡效果,当视频播放至"00:00:06:21"位置时,效果如下图所示。

实例48——页面剥落过渡效果

"页面剥落"过渡可以使前一个图像卷曲,并从卷曲的位置开始逐渐显示后一个图像,从而实现页面剥落过渡效果。本实例将介绍如何在商品视频的转场编辑中应用"页面剥落"过渡。

原始文件	随书资源 \06\ 素材 \15.prproj
最终文件	随书资源 \06\ 源文件 \ 页面剥落过渡效果 .prproj

步骤 01 导入素材至时间轴窗口。打开项目文件15.prproj,将项目窗口中的"明信片 1.jpg"与"明信片 2.jpg"素材拖动至时间轴 V1 轨道上,并让两个素材首尾衔接,如右图所示。

步骤 02 单击"页面剥落"过渡。在"效果"面板中，❶单击"视频过渡"选项组中的"页面剥落"下拉按钮，❷在展开的下拉列表中单击"页面剥落"过渡，如下图所示。

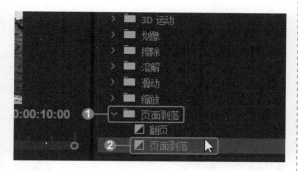

步骤 03 拖动"页面剥落"过渡至时间轴窗口。按住"页面剥落"过渡不放，将其拖动至时间轴窗口中"明信片 2.jpg"素材的开始位置，此时鼠标指针的右下方出现▶图形，如下图所示。

步骤 04 应用"页面剥落"过渡。释放鼠标，应用"页面剥落"过渡效果，此时"明信片 2.jpg"素材上方显示"页面剥落"过渡图示，如下图所示。

步骤 05 查看默认设置下的"页面剥落"过渡效果。在节目监视器窗口中播放视频，查看过渡效果，此时"明信片 1.jpg"素材在卷曲，以显示"明信片 2.jpg"素材，如下图所示。

步骤 06 单击"页面剥落"过渡图示。单击时间轴窗口中的"页面剥落"过渡图示，再打开"效果控件"面板，如下图所示。在面板中可以看见是图像 A 卷曲后显示图像 B。

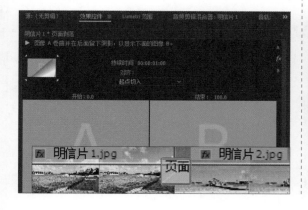

步骤 07 设置过渡的持续时间和对齐方式。在"效果控件"面板中，❶设置"页面剥落"过渡的"持续时间"值为"00:00:02:00"，❷单击"对齐"下拉按钮，❸在展开的下拉列表中单击"中心切入"选项，如下图所示。

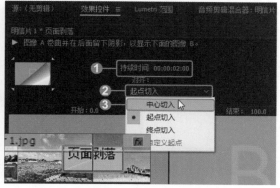

步骤 08 勾选"反向"复选框。将"效果控件"面板右侧的滚动条拖动至底部，再勾选"反向"复选框，使"页面剥落"过渡中发生卷曲的图像变为图像 B，且卷曲方向也随之发生变化，如下图所示。

步骤 09 查看"页面剥落"过渡效果。在节目监视器窗口中单击"播放 - 停止切换"按钮▶，播放视频，查看"页面剥落"过渡效果，当视频播放至"00:00:04:16"位置时，效果如下图所示。

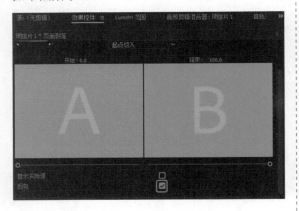

步骤 10 继续查看"页面剥落"过渡效果。继续播放视频，查看过渡效果，当视频播放至"00:00:05:12"位置时，效果如右图所示。

读书笔记

第7章
编配自然和谐的视频字幕

在网店视频广告中添加字幕，可以对商品或店铺活动进行必要的解释说明。Premiere Pro 提供了多种字幕工具，可以在项目中创建静态或动态的字幕效果。本章将介绍在视频中添加字幕效果常用的几种方法。

实例49——应用"简单文本"效果添加标题字幕

在 Premiere Pro 中，可以使用"简单文本"效果为商品视频添加标题字幕。"简单文本"字幕效果的使用方法与其他视频效果一样，可直接在"效果控件"面板中进行设置，无须打开"字幕"面板。本实例将应用"简单文本"效果为商品视频添加标题字幕，说明商品的名称。

原始文件	随书资源 \07\ 素材 \01.prproj
最终文件	随书资源 \07\ 源文件 \ 应用"简单文本"效果添加标题字幕 .prproj

步骤 01 导入素材至时间轴窗口。打开项目文件 01.prproj，将项目窗口中的"家居拖鞋 .jpg"素材拖动至时间轴窗口，在节目监视器窗口中观察素材图像，如下图所示。

步骤 02 单击"简单文本"效果。在"效果"面板中，❶单击"视频效果"选项组中的"视频"下拉按钮，❷在展开的下拉列表中单击"简单文本"效果，如下图所示。

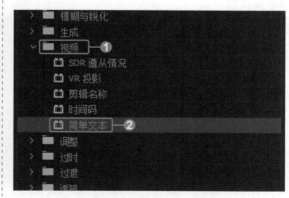

步骤 03 应用"简单文本"效果。按住"简单文本"效果不放，将其拖动至时间轴窗口中的"家居拖鞋 .jpg"素材上方，当鼠标指针变为形状时，如右图所示，释放鼠标，应用"简单文本"效果。

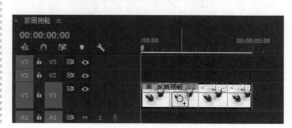

步骤 04 查看默认设置下的"简单文本"效果。在节目监视器窗口中显示默认设置下的"简单文本"效果，文本内容为 Default Text（默认文本），如下图所示。

步骤 05 单击"编辑文本"按钮。打开"效果控件"面板，单击"简单文本"选项组中的"编辑文本"按钮，如下图所示，打开文本编辑对话框。

步骤 06 设置文本内容。在弹出的文本编辑对话框中修改文本内容为"可爱家居拖鞋"，确认设置后，在节目监视器窗口中可看到"可爱家居拖鞋"文本效果，如下图所示。

步骤 07 设置文本"大小"参数。在"效果控件"面板的"简单文本"选项组中设置文本"大小"值为 50%，如下图所示。

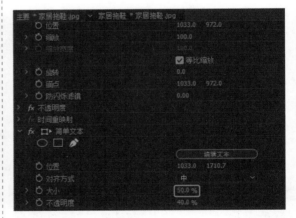

步骤 08 设置文本"不透明度"参数。在"效果控件"面板的"简单文本"选项组中，设置"不透明度"值为 50%，如下图所示。

步骤 09 查看"简单文本"效果。在节目监视器窗口中查看设置参数后的"简单文本"效果，如下图所示。

实例50——应用"文字工具"创建字幕

应用工具面板中的"文字工具"可以快速在视频中创建字幕。只需选择"文字工具"，在视频图像上单击并输入文字，再结合"效果控件"面板调整文本效果即可。本实例将介绍如何应用"文字工具"为视频添加字幕效果。

原始文件	随书资源 \07\ 素材 \02.prproj
最终文件	随书资源 \07\ 源文件 \ 应用"文字工具"创建字幕 .prproj

步骤 01 单击"文字工具"按钮。打开项目文件02.prproj，单击工具面板中的"文字工具"按钮 **T**，选中"文字工具"，如下图所示。

步骤 02 创建文本输入框。将鼠标移至节目监视器窗口，当鼠标指针变为 **I** 形状时，单击节目监视器窗口中的图像，显示文本输入框，如下图所示。

步骤 03 查看文本输入框创建结果。显示文本输入框后，时间轴窗口中的 V2 轨道上会自动生成名为"图形"的文字素材，如右图所示。

步骤 04 打开"效果控件"面板。打开"效果控件"面板，此时面板中会自动显示"文本"选项组，如下图所示。

步骤 05 设置文本字体大小。在"文本"选项组中，❶单击"源文本"下拉按钮，❷在展开的下拉列表中设置"字体大小"值为 400，如下图所示。

步骤 06 **编辑文本内容。** 将鼠标移至节目监视器窗口中的文本输入框上方，当鼠标指针变为 I 形状时，单击文本框，并在文本框中输入"成像质量一流"，如下图所示。

步骤 07 **设置文本字体。** 在"效果控件"面板中，❶单击"字体系列"下拉按钮，❷在展开的下拉列表中选择合适的字体，如下图所示。

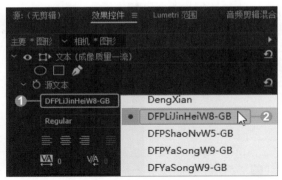

步骤 08 **打开"拾色器"对话框。** 在"源文本"下拉列表中单击"填充"选项左侧的颜色块，如下图所示，打开"拾色器"对话框。

步骤 09 **设置文本填充颜色。** 在打开的"拾色器"对话框中设置颜色，❶输入颜色值为 R156、G15、B15，❷单击"确定"按钮，如下图所示。

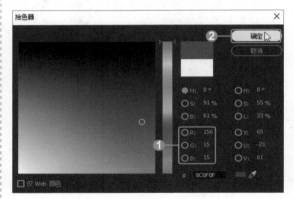

步骤 10 **设置文本"位置"和"缩放"参数。** 在"文本"选项组中，❶设置"变换"选项组中的"位置"值为 619.7、3245.7，❷设置"缩放"值为 171，如下图所示。

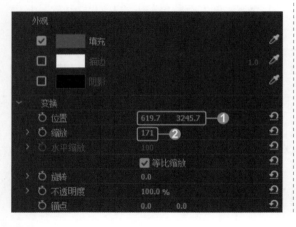

步骤 11 **查看文本设置整体效果。** 此时节目监视器窗口中显示文本设置效果，单击文本框外任意位置，取消文本的全选状态，查看文本设置的整体效果，如下图所示。

实例51——使用旧版标题字幕工具创建静态字幕

要为商品视频创建字幕，除使用前两个实例所讲的方法外，还可使用"旧版标题"字幕工具。使用该字幕工具创建的字幕可分为静态、滚动、游动3种类型。本实例将使用"旧版标题"工具在商品视频中添加静态字幕，并通过调整文字字体、大小、位置等相关参数，控制字幕效果。

原始文件	随书资源 \07\ 素材 \03.prproj
最终文件	随书资源 \07\ 源文件 \ 使用旧版标题字幕工具创建静态字幕 .prproj

步骤 01 执行"旧版标题"菜单命令。打开项目文件 03.prproj，执行"文件 > 新建 > 旧版标题"菜单命令，如下图所示。

步骤 02 设置字幕文件的名称。打开"新建字幕"对话框，❶设置字幕文件的"名称"为"水果"，其他参数保持不变，❷单击"确定"按钮，创建字幕，如下图所示。

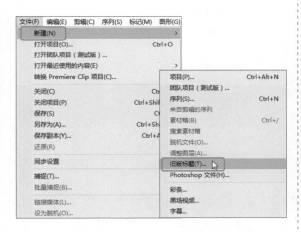

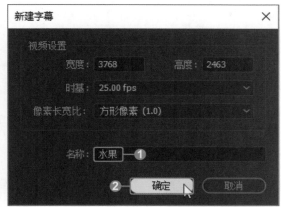

步骤 03 在项目窗口中双击"水果"字幕。返回项目窗口，系统已将"水果"字幕自动导入项目窗口中作为视频素材，如下图所示。双击"水果"字幕，打开"字幕"面板。

步骤 04 单击"字幕"面板任意位置，显示文本输入框。将鼠标移至打开的"字幕"面板中，当鼠标指针变为 形状时，单击面板任意位置，显示文本输入框，如下图所示。

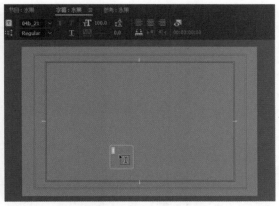

步骤 05 设置字幕内容。在文本输入框中输入文本内容"新鲜水果",此时文本字号较小,并且由于计算机中缺乏该文本的字体文件,以致"鲜"字未显示出来,如下图所示。

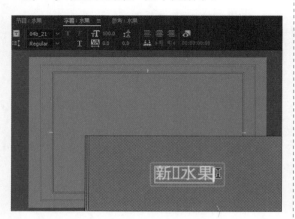

步骤 06 设置字幕大小。按快捷键 Ctrl+A,选中所有文本,将鼠标移至"字幕"面板中的"大小"选项上方,单击并输入 400,更改字幕文字大小,设置后的效果如下图所示。

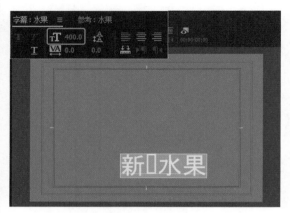

步骤 07 设置字体。保持文本的全选状态不变,在"字幕"面板中设置文本字体,❶单击"字体系列"下拉按钮,❷在展开的下拉列表中选择合适的字体,如下图所示。

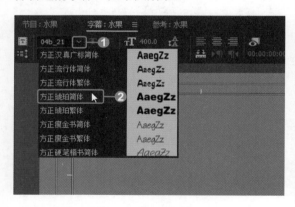

步骤 08 查看字体设置效果。设置字幕字体后,在"字幕"面板中显示了更改字体后的文本效果,如下图所示。

步骤 09 导入字幕至时间轴窗口。将项目窗口中的字幕素材"水果"拖动至时间轴 V2 轨道上,如下图所示。

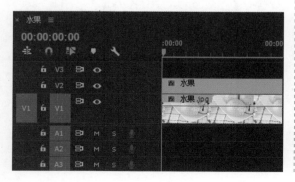

步骤 10 在"字幕"面板中显示背景图像。在"字幕"面板中单击"显示背景视频"按钮,显示背景图像,如下图所示。由于字幕文字颜色和图像颜色同属浅色系,字幕显得不醒目。

步骤 11 单击"吸管工具"按钮。❶在工作界面右侧的面板组中单击"旧版标题属性"标签，打开"旧版标题属性"面板，❷在面板中单击"颜色"选项右侧的"吸管工具"按钮🖋，选择"吸管工具"，如下图所示。

步骤 12 设置字幕颜色。移动鼠标至背景图像左侧，此时鼠标指针变为🖋形状，单击吸取该位置的颜色，画面中的字幕文字颜色即变为相同的颜色，如下图所示。

步骤 13 移动文本框位置。按住 Ctrl 键，将鼠标移至文本框上方，单击并拖动字幕至合适的位置，如下图所示。

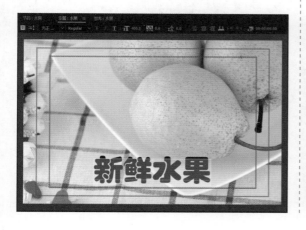

步骤 14 查看字幕效果。打开节目监视器窗口，查看所创建的字幕的效果，如下图所示。

实例52——设置"填充"属性制作渐变字幕

　　由于商品本身的特质或商品拍摄手法的影响，某些视频素材中常常存在画面留白较多、图像颜色较为单一的情况。若需要在此类视频素材中创建字幕，可激活字幕的"填充"属性，制作与原图像颜色搭配较为和谐的渐变字幕，丰富视频画面，以吸引买家的注意。

原始文件	随书资源 \07\ 素材 \04.prproj
最终文件	随书资源 \07\ 源文件 \ 设置"填充"属性制作渐变字幕 .prproj

步骤 01 单击"基于当前字幕新建字幕"按钮。打开项目文件 04.prproj，在节目监视器窗口中，❶单击"字幕"标签，❷在打开的"字幕"面板中单击"基于当前字幕新建字幕"按钮▣，如下图所示，打开"新建字幕"对话框。

步骤 02 设置字幕名称。在打开的"新建字幕"对话框中，❶输入字幕文件的"名称"为"耳机"，其他参数保持不变，❷单击"确定"按钮，如下图所示。

步骤 03 输入字幕内容。将鼠标移至"字幕"面板中，单击面板任意位置，在显示的文本框中输入"好音质，带你纵享好音乐"，如下图所示。由于字体问题，部分文字显示不全。

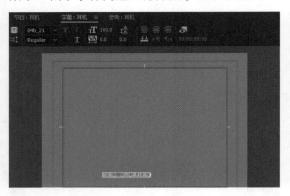

步骤 04 设置字幕属性。打开"旧版标题属性"面板，❶设置"字体系列"为"楷体"，❷设置"字体大小"为 300，❸设置"字偶间距"值为 -60，如下图所示。

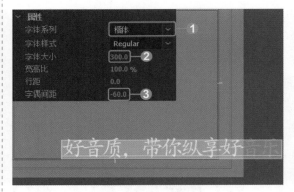

步骤 05 移动文本框位置。按住 Ctrl 键，将鼠标移至文本框上方，当鼠标指针变为▶形状时，单击并拖动字幕至屏幕下方的中间位置，如下图所示。

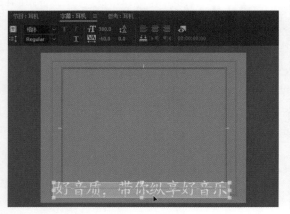

步骤 06 单击"线性渐变"选项。在"旧版标题属性"面板中，❶单击"填充"选项组中的"填充类型"下拉按钮，❷在弹出的下拉列表中单击"线性渐变"选项，如下图所示。

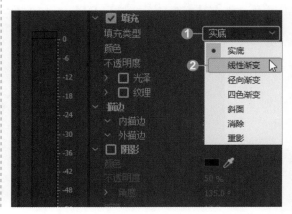

步骤 07 设置渐变颜色。选择渐变填充类型后，接下来设置渐变颜色，双击"颜色"选项右侧渐变条下方的第一个色标，如下图所示。

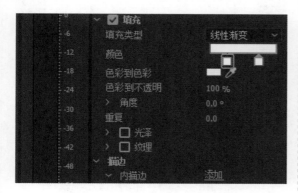

步骤 08 设置线性渐变的第一种颜色。打开"拾色器"对话框，❶设置颜色值为 R0、G1、B1，❷单击"确定"按钮，完成设置，如下图所示。

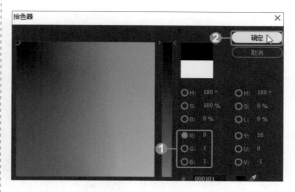

步骤 09 双击第二个色标。返回"旧版标题属性"面板，在下方的"填充"选项组中可看到更改后的色标颜色，然后双击渐变条下方的第二个色标，如下图所示。

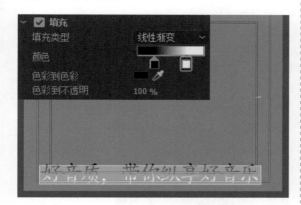

步骤 10 设置线性渐变的第二种颜色。打开"拾色器"对话框，❶设置颜色值为 R197、G203、B201，❷单击"确定"按钮，完成设置，如下图所示。

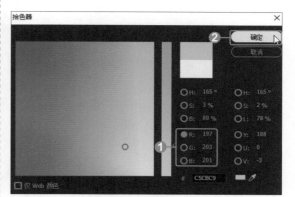

步骤 11 调整颜色渐变范围。在"旧版标题属性"面板中，❶将第一个色标向右拖动，扩大其颜色渐变范围，❷将第二个色标向右拖动，缩小其颜色渐变范围，如下图所示。

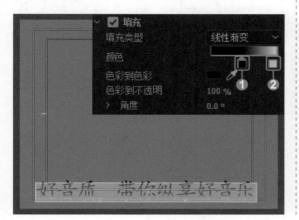

步骤 12 设置线性渐变的"色彩到不透明"和"角度"参数。在"填充"选项组中，❶设置"色彩到不透明"值为 70%，❷设置"角度"值为 180°，如下图所示。

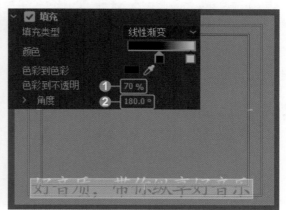

步骤 13 **查看字幕渐变效果。** 在"字幕"面板中，单击"显示背景视频"按钮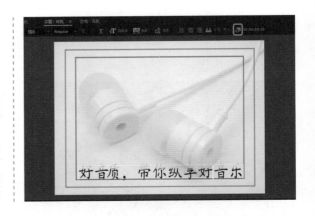，显示背景图像，字幕的渐变效果如右图所示。

实例53——应用"描边"属性制作带轮廓字幕

　　对于商品视频中需要突出显示的字幕文字，可以对其进行描边设置。本实例将应用"旧版标题属性"面板中的"外描边"属性，在字幕文字外侧创建轮廓，并通过对描边颜色、大小等的设置，制作个性化的视频字幕。

原始文件	随书资源 \07\ 素材 \05.prproj	
最终文件	随书资源 \07\ 源文件 \ 应用"描边"属性制作带轮廓字幕 .prproj	

步骤 01 **打开"毛衣处理广告"字幕。** 打开项目文件 05.prproj，双击项目窗口中的"毛衣处理广告"字幕素材，打开"字幕"面板，效果如下图所示。

步骤 02 **激活"外描边"属性。** ❶单击"旧版标题属性"标签，打开"旧版标题属性"面板，❷单击"描边"选项组中的"外描边"选项右侧的"添加"选项，如下图所示。

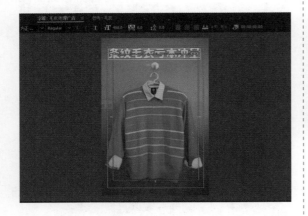

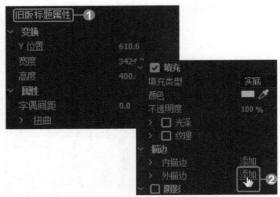

步骤 03 **设置"外描边"的边缘大小。** 在"旧版标题属性"面板的"外描边"选项组中，设置描边"大小"值为 40，如下左图所示。

步骤 04 **设置"外描边"的"填充类型"参数。** 在"外描边"选项组中，❶单击"填充类型"选项右侧的下拉按钮，❷在展开的下拉列表中单击"斜面"选项，如下右图所示。

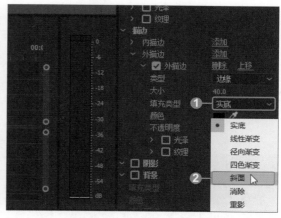

步骤 05 单击"高光颜色"颜色块。在"旧版标题属性"面板中，单击"外描边"选项组中"高光颜色"选项右侧的颜色块，如下图所示。

步骤 06 设置高光颜色值。打开"拾色器"对话框，①设置颜色值为R249、G243、B243，②单击"确定"按钮，完成设置，如下图所示。

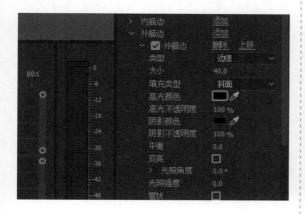

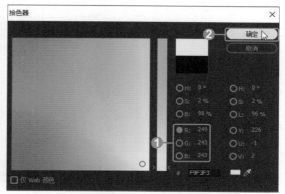

步骤 07 单击"阴影颜色"颜色块。返回"旧版标题属性"面板，单击"外描边"选项组中"阴影颜色"选项右侧的颜色块，如下图所示。

步骤 08 设置阴影颜色值。打开"拾色器"对话框，①设置颜色值为R204、G148、B148，②单击"确定"按钮，如下图所示。

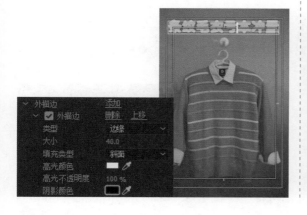

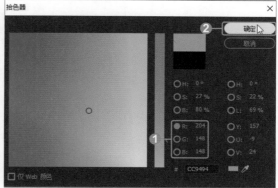

步骤 09 设置"外描边"的"平衡"参数。返回"旧版标题属性"面板,设置"外描边"选项组中的"平衡"值为 100,如下图所示。

步骤 10 导入字幕至时间轴 V2 轨道。将项目窗口中的"毛衣处理广告"字幕拖动至时间轴 V2 轨道上,如下图所示。

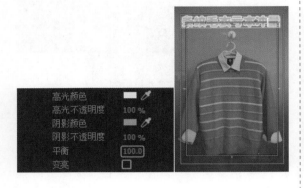

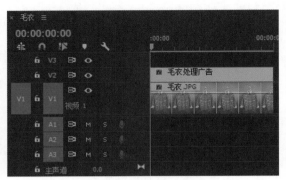

步骤 11 查看字幕轮廓设置的整体效果。在节目监视器窗口中单击"节目"标签,打开节目监视器,查看添加"外描边"的字幕效果,如右图所示。

实例54——应用"阴影"属性为字幕添加阴影效果

激活字幕的"阴影"属性,可以为视频中的字幕添加阴影效果,并通过调整阴影的颜色、大小、距离等参数,获得更有立体感的字幕效果。本实例将应用"阴影"属性为字幕添加阴影效果。

原始文件	随书资源 \07\ 素材 \06.prproj
最终文件	随书资源 \07\ 源文件 \ 应用"阴影"属性为字幕添加阴影效果 .prproj

步骤 01 打开"茶壶"字幕。打开项目文件 06.prproj,双击项目窗口中的"茶壶"字幕素材,使其在"字幕"面板中打开,效果如右图所示。

步骤 02 **打开"拾色器"对话框。** 在工作区右侧展开"旧版标题属性"面板，在"填充"选项组中单击"颜色"选项右侧的颜色块，如下图所示，打开"拾色器"对话框。

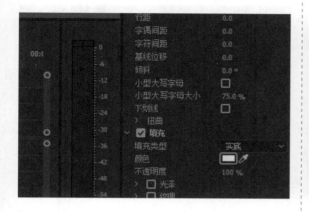

步骤 03 **设置字幕的填充颜色。** 在"拾色器"对话框中，❶设置颜色值为 R7、G3、B3，❷单击"确定"按钮，完成设置，如下图所示。

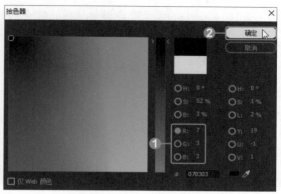

步骤 04 **查看字幕填充颜色设置结果。** 此时在"字幕"面板中可看到字幕颜色发生相应变化，如下图所示。

步骤 05 **激活字幕的"阴影"属性。** 返回"旧版标题属性"面板，在"阴影"选项组中勾选"阴影"复选框，激活阴影选项，如下图所示。

步骤 06 **单击"颜色"颜色块。** 在"旧版标题属性"面板中，单击"阴影"选项组中"颜色"选项右侧的颜色块，如下图所示。

步骤 07 **设置"阴影"颜色。** 打开"拾色器"对话框，❶设置颜色值为 R250、G255、B249，❷单击"确定"按钮，如下图所示。

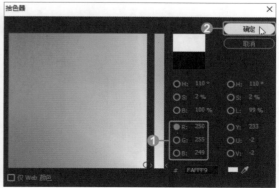

步骤 08 设置"阴影"的"距离"和"大小"参数。在"旧版标题属性"面板中，❶设置阴影的"距离"值为 20，❷设置"大小"值为 50，如下图所示。

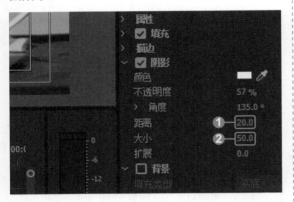

步骤 10 设置"阴影"的"不透明度"和"扩展"参数。在"旧版标题属性"面板中，❶设置阴影的"不透明度"值为 80%，❷设置"扩展"值为 100，如下图所示。

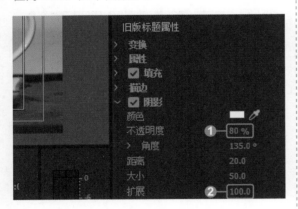

步骤 12 导入字幕至时间轴 V2 轨道。将项目窗口中设置好的字幕素材"茶壶"拖动至时间轴 V2 轨道上，如下图所示。

步骤 09 查看"距离"和"大小"参数设置效果。在"字幕"面板中显示设置"距离"和"大小"参数后的字幕效果，如下图所示。

步骤 11 查看"不透明度"和"扩展"参数设置效果。在"字幕"面板中显示设置"不透明度"和"扩展"参数后的字幕效果，如下图所示。

步骤 13 查看字幕阴影设置的整体效果。单击节目监视器窗口中的"节目"标签，打开节目监视器，查看添加阴影后的字幕效果，如下图所示。

实例55——设置"背景"属性突出字幕

为了突出视频中添加的字幕文字，可激活字幕的"背景"属性，为字幕添加背景，并调整其不透明度，从而将买家的目光吸引到字幕文字上。本实例将应用"背景"属性为字幕制作纯色背景效果，然后调整背景的不透明度，使字幕能够更清晰地显示出来。

原始文件	随书资源 \07\ 素材 \07.prproj	
最终文件	随书资源 \07\ 源文件 \ 设置"背景"属性突出字幕 .prproj	

步骤 01 单击"基于当前字幕新建字幕"按钮。打开项目文件 07.prproj，在节目监视器窗口中，❶单击"字幕"标签，❷在打开的"字幕"面板中单击"基于当前字幕新建字幕"按钮，如右图所示。

步骤 02 设置字幕名称。打开"新建字幕"对话框，❶设置字幕文件的"名称"为"怀表背景"，其他参数保持不变，❷单击"确定"按钮，如下图所示。

步骤 03 单击"垂直文字工具"按钮。❶单击"旧版标题工具"标签，打开"旧版标题工具"面板，❷单击面板中的"垂直文字工具"按钮，如下图所示。

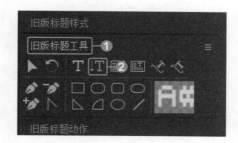

步骤 04 输入字幕内容。将鼠标移至"字幕"面板中的左侧位置，单击创建字幕文本框，再在文本框中输入字幕内容"复古怀表，彰显绅士之品格"，如下图所示。按快捷键 Ctrl+A，全选字幕内容。

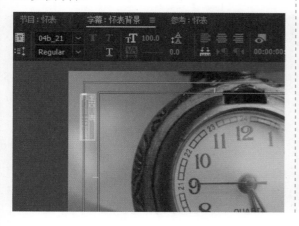

步骤 05 设置字幕属性。打开"旧版标题属性"面板，❶设置"字体系列"为"方正硬笔楷书简体"，❷设置"字体大小"值为 200，❸设置"行距"值为 66，❹设置"字偶间距"值为 100，如下图所示。

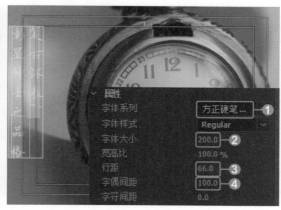

步骤 06 移动文本框位置。按住 Ctrl 键，将鼠标移至文本框上方，单击并拖动字幕至适当的位置，如下图所示。

步骤 07 激活字幕"背景"属性。打开"旧版标题属性"面板，勾选"背景"复选框，此时"背景"选项组处于可编辑状态，如下图所示。

步骤 08 查看默认设置下的字幕背景效果。在"字幕"面板中显示默认设置下的字幕背景效果，整个画面被纯色覆盖，如下图所示。

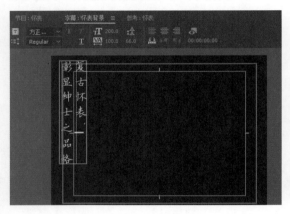

步骤 09 设置字幕背景的不透明度。在"旧版标题属性"面板中，设置"背景"的"不透明度"值为 40%，如下图所示。

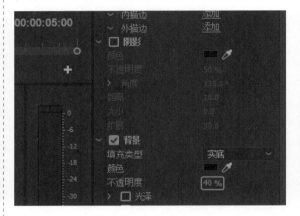

步骤 10 导入字幕至时间轴 V2 轨道。完成字幕设置后，将项目窗口中的"怀表背景"字幕拖动至时间轴 V2 轨道上，如下图所示。

步骤 11 查看字幕背景制作整体效果。打开节目监视器，可看到适当降低字幕背景不透明度后，怀表图像重新显示出来，但又不会特别抢眼，从而突出了字幕，如下图所示。

知识拓展

若视频中不需要使用商品图像，而只需使用文字说明搭配纯色、渐变等背景，则可以应用"背景"属性达到目的。

实例56——应用"矩形工具"制作文字背景

在视频中添加字幕文字时，可以使用字幕工具中的"矩形工具"，在字幕文字下方绘制背景图形，以强调主题文字，并增强画面美观性。本实例将应用"矩形工具"在字幕文字下方绘制灰色矩形，突出相机镜头的型号和变焦特性。

原始文件	随书资源 \07\ 素材 \08.prproj
最终文件	随书资源 \07\ 源文件 \ 应用"矩形工具"制作文字背景 .prproj

步骤 01 在"字幕"面板中打开字幕。打开项目文件 08.prproj，双击项目窗口中的"单反镜头文字背景"字幕素材，使其在"字幕"面板中打开，如下图所示。

步骤 02 单击"矩形工具"按钮。❶单击"旧版标题工具"标签，❷在打开的"旧版标题工具"面板中单击"矩形工具"按钮■，如下图所示。

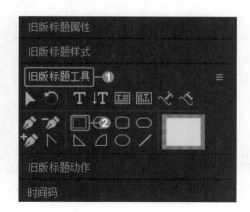

步骤 03 绘制矩形图形。将鼠标移至"字幕"面板上方，当鼠标指针变为┼形状时，单击并拖动鼠标，绘制矩形图形。下图所示为绘制好的矩形图形，可看到字幕被矩形图形遮盖。

步骤 04 调整矩形图形层次顺序。右击矩形图形，在弹出的快捷菜单中执行"排列 > 移到最后"命令，如下图所示，将矩形图形移至最底层，让字幕重新显示出来。

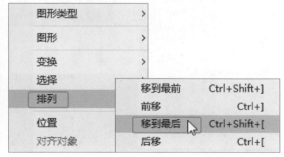

步骤 05 单击"颜色"颜色块。在"字幕"面板中选中矩形图形，❶单击"旧版标题属性"标签，打开"旧版标题属性"面板，❷在"填充"选项组中单击"颜色"选项右侧的颜色块，如下图所示。

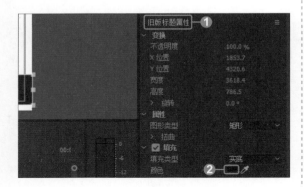

步骤 06 设置矩形填充颜色。打开"拾色器"对话框，❶设置颜色值为 R181、G179、B179，❷单击"确定"按钮，如下图所示。

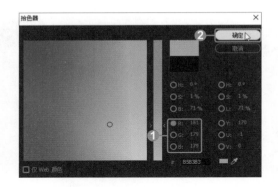

步骤 07 改变矩形图形的宽度。将鼠标移至矩形图形左或右边缘位置，当鼠标指针变为 ↔ 形状时，单击并拖动矩形图形边线，改变矩形图形的宽度，如下图所示。

步骤 08 改变矩形图形的高度。将鼠标移至矩形图形上或下边缘位置，当鼠标指针变为 ↕ 形状时，单击并拖动矩形图形边线，改变矩形图形的高度，如下图所示。

步骤 09 导入字幕至时间轴 V2 轨道。完成字幕的设置后，将项目窗口中的"单反镜头文字背景"字幕拖至时间轴 V2 轨道上，如下图所示。

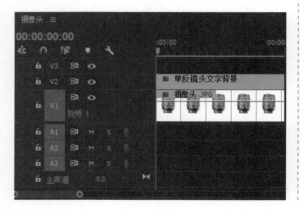

步骤 10 查看文字背景制作整体效果。单击节目监视器窗口中的"节目"标签，打开节目监视器，查看字幕文字的背景效果，如下图所示。

实例57——创建沿路径排列的字幕

应用路径文字工具可以在视频中创建更加多样化的字幕效果。在本实例中，选择"垂直路径文字工具"在画面中绘制路径，然后使用"文字工具"在绘制的路径中输入文字，创建沿路径排列的文字效果。

原始文件	随书资源 \07\ 素材 \09.prproj
最终文件	随书资源 \07\ 源文件 \ 创建沿路径排列的字幕 .prproj

步骤 01 在"字幕"面板中打开字幕。打开项目文件 09.prproj，双击项目窗口中的"小象钥匙扣"字幕素材，使其在"字幕"面板中打开，如下图所示。

步骤 02 单击"垂直路径文字工具"按钮。❶单击"旧版标题工具"标签，❷在打开的"旧版标题工具"面板中单击"垂直路径文字工具"按钮，如下图所示。

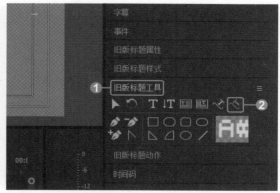

步骤 03 设置路径的第一个锚点。将鼠标移至"字幕"面板中，在合适位置单击并拖动鼠标，此时会出现一条带手柄的直线，同时鼠标指针变为形状，如下图所示。

步骤 04 设置路径的第二个锚点。继续在"字幕"面板中单击并拖动鼠标，添加第二个锚点，两个锚点之间通过曲线连接，如下图所示。

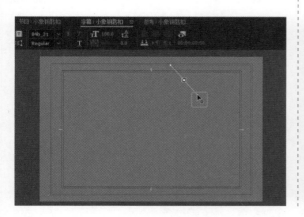

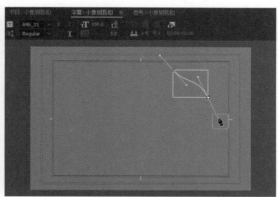

步骤 05 设置路径的第三个锚点。使用相同的方法，在"字幕"面板中设置路径的第三个锚点，第二个锚点和第三个锚点之间同样以曲线连接，如下图所示。

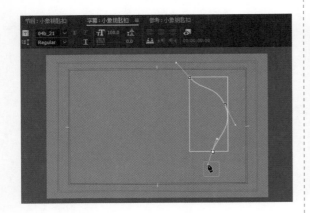

步骤 07 调整路径的曲率。将鼠标移至带控制手柄的直线端点上，当鼠标指针变为▶形状时，单击并拖动鼠标，改变线条的长短和方向，调整路径的曲率。下图所示为调整曲率后的路径效果。

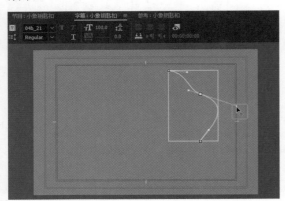

步骤 09 单击"文字工具"按钮。单击"旧版标题工具"面板中的"文字工具"按钮，选择"文字工具"，如下图所示。

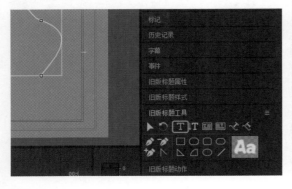

步骤 06 调整锚点的位置。释放鼠标，完成路径的绘制，然后将鼠标移至其中一个锚点上方，当鼠标指针变为▶形状时，单击并拖动鼠标，调整锚点的位置。下图所示为调整锚点位置后的路径效果。

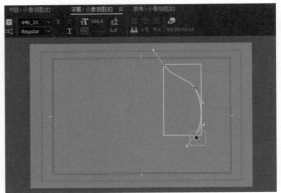

步骤 08 设置字幕属性。在"字幕"面板中，❶单击"字体系列"下拉按钮，❷在展开的下拉列表中单击"方正胖娃简体"选项，❸设置文字"大小"值为150，如下图所示。

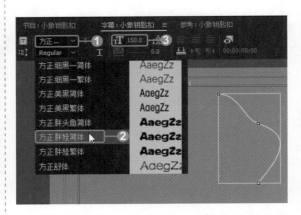

步骤 10 单击路径的开始位置。将鼠标指针移到"字幕"面板中的路径所在方框内，在第一个锚点位置单击，显示光标插入点，如下图所示。

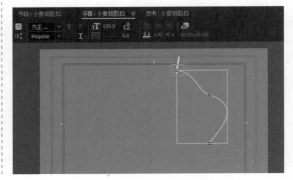

步骤 11 输入路径文字。输入文字"小象钥匙扣"，可以看到输入的文字沿路径排列，如下图所示。

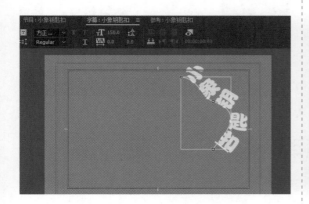

步骤 12 单击填充"颜色"选项右侧的颜色块。打开"旧版标题属性"面板，在"填充"选项组中单击"颜色"选项右侧的颜色块，如下图所示。

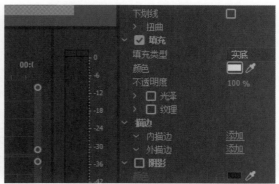

步骤 13 设置填充颜色。在打开的"拾色器"对话框中，❶设置颜色值为 R7、G3、B3，❷单击"确定"按钮，完成设置，如下图所示。

步骤 14 单击"显示背景视频"按钮。单击"字幕"面板中的"显示背景视频"按钮，显示背景图像，如下图所示。

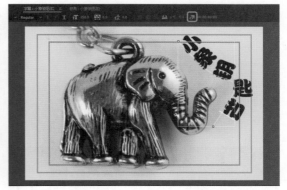

步骤 15 调整字幕位置。按住 Ctrl 键，将鼠标移至文本框上方，当鼠标指针变为▶形状时，单击并拖动字幕文字，将其移至合适的位置，如下图所示。

步骤 16 导入字幕至时间轴 V2 轨道。将项目窗口中编辑完成后的字幕文件"小象钥匙扣"拖动至时间轴 V2 轨道上，如下图所示。

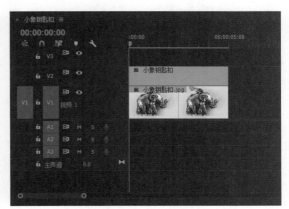

步骤 17 查看字幕沿路径排列的整体效果。单击节目监视器窗口中的"节目"标签，打开节目监视器，查看沿路径形状排列的字幕文字，如右图所示。

实例58——创建垂直滚动字幕

在商品视频中，除了可以创建静态的字幕文字外，还可以创建垂直滚动的字幕文字。通过在"字幕"面板中设置字幕类型为"滚动"的方式，能够使字幕文字从画面外以垂直滚动的方式逐渐进入画面内。本实例将对如何在商品视频中创建垂直滚动字幕进行讲解。

原始文件	随书资源 \07\ 素材 \10.prproj
最终文件	随书资源 \07\ 源文件 \ 创建垂直滚动字幕 .prproj

步骤 01 在"字幕"面板中打开字幕。打开项目文件 10.prproj，双击项目窗口中的"护肤品"字幕素材，使其在"字幕"面板中打开，如下图所示。

步骤 02 单击"区域文字工具"按钮。❶单击"旧版标题工具"标签，❷在打开的"旧版标题工具"面板中单击"区域文字工具"按钮圖，如下图所示。

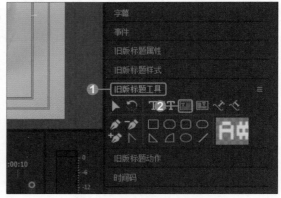

步骤 03 创建文本框。将鼠标移到"字幕"面板中，单击并拖动鼠标，创建文本框，如下左图所示。

步骤 04 设置字幕属性。在"字幕"面板中，❶单击"字体系列"下拉按钮，❷在展开的下拉列表中单击"方正流行体简体"选项，❸设置文字"大小"值为 350，❹设置"行距"值为100，如下右图所示。

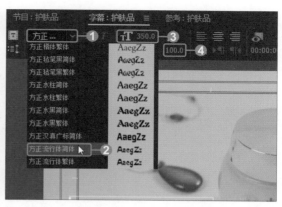

步骤05 输入第一行文字。将鼠标移至文本框上方，当鼠标指针变为I形状时，单击文本框，显示光标插入点，输入字幕文字"精致女人"，如下图所示。

步骤06 输入第二行文字。按 Enter 键换行，并在文本框中输入第二行文字内容"从护肤开始"，如下图所示。

步骤07 单击"颜色"颜色块。打开"旧版标题属性"面板，单击"填充"选项组中"颜色"选项右侧的颜色块，如下图所示。

步骤08 设置填充颜色。打开"拾色器"对话框，❶设置颜色值为 R30、G6、B6，❷单击"确定"按钮，如下图所示。

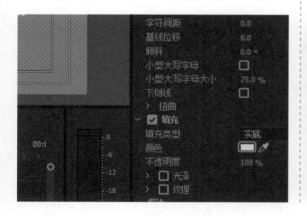

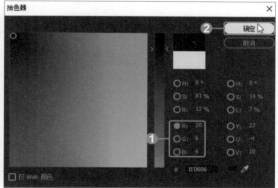

步骤 09 单击"滚动 / 游动选项"按钮。设置完字幕的填充颜色后,返回"字幕"面板,可看到面板中的文字变为所设置的颜色,然后单击"滚动 / 游动选项"按钮▦,如下图所示。

步骤 10 设置字幕"滚动"选项。在打开的"滚动 / 游动选项"对话框中,❶选中"滚动"单选按钮,❷勾选"开始于屏幕外"复选框,❸设置"缓出"和"过卷"值均为20,❹单击"确定"按钮,完成滚动字幕的设置,如下图所示。

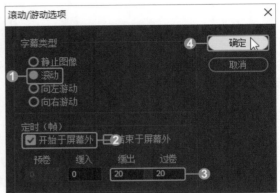

步骤 11 在项目窗口中查看字幕文件。单击"确定"按钮后,系统自动将垂直滚动字幕文件"护肤品"导入项目窗口中。字幕名称左侧的图标为视频图标,如下图所示。

步骤 12 导入字幕至时间轴。将项目窗口中的"护肤品"字幕拖动至时间轴 V2 轨道上,如下图所示。

步骤 13 查看字幕垂直滚动效果。打开节目监视器,单击"播放 - 停止切换"按钮▶,播放视频,当视频播放至"00:00:02:15"位置时,字幕的垂直滚动效果如下图所示。

步骤 14 继续查看字幕垂直滚动效果。继续播放视频,当视频播放至"00:00:03:10"位置时,字幕的垂直滚动效果如下图所示。

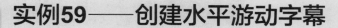

实例59——创建水平游动字幕

在商品视频中，若需要让文字从画面外以水平移动的方式逐渐进入画面内，则可以通过在"字幕"面板中设置字幕类型为"游动"来实现。本实例就来创建水平游动字幕效果，以表现不同颜色的指甲油。

原始文件	随书资源 \07\ 素材 \11.prproj
最终文件	随书资源 \07\ 源文件 \ 创建水平游动字幕 .prproj

步骤 01 在"字幕"面板中打开字幕素材。打开项目文件 11.prproj，双击项目窗口中的"指甲油"字幕素材，使其在"字幕"面板中打开，如下图所示。

步骤 02 单击"垂直区域文字工具"按钮。❶单击"旧版标题工具"标签，❷在打开的"旧版标题工具"面板中单击"垂直区域文字工具"按钮▣，如下图所示。

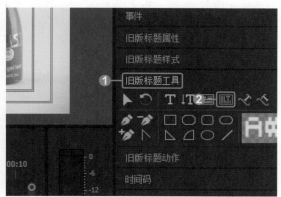

步骤 03 创建文本框。在"字幕"面板中，❶单击"显示背景视频"按钮▣，关闭背景图像显示，❷将鼠标移到"字幕"面板中，单击并拖动鼠标，创建文本框，如下图所示。

步骤 04 设置字幕属性。在"字幕"面板中，❶单击"字体系列"下拉按钮，❷在展开的下拉列表中单击"等线"选项，❸设置文字"大小"值为 150，❹设置"行距"值为 500，如下图所示。

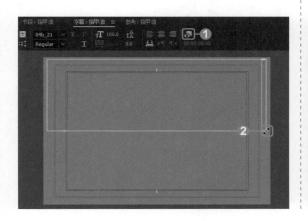

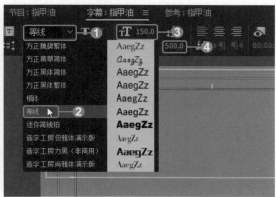

步骤 05 输入文字。 在文本框的右上角端点位置单击，在第一列中输入文字"绿色"，然后按 Enter 键换行，在第二列中输入文字"银色"，并以相同的方法，在第三列中输入文字"红色"，在第四列中输入文字"蓝色"，在第五列中输入文字"粉色"。右图所示为输入完成后的文字效果。

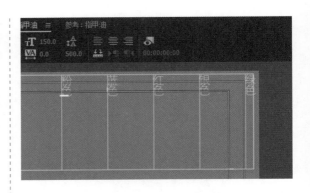

步骤 06 设置文字的"字偶间距"参数。 按快捷键 Ctrl+A，全选文字，设置"字偶间距"值为 100，更改字符间距，如下图所示。

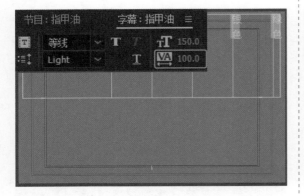

步骤 07 单击"颜色"颜色块。 打开"旧版标题属性"面板，在"填充"选项组中单击"颜色"选项右侧的颜色块，如下图所示。

步骤 08 设置填充颜色。 在打开的"拾色器"对话框中，❶设置颜色值为 R37、G33、B33，❷单击"确定"按钮，完成设置，如下图所示。

步骤 09 单击"滚动 / 游动选项"按钮。 返回"字幕"面板，可看到文字变为所设置的颜色，然后单击"滚动 / 游动选项"按钮，如下图所示，打开"滚动 / 游动选项"对话框。

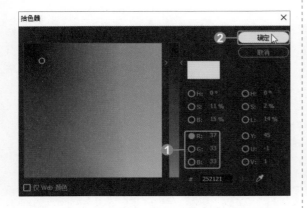

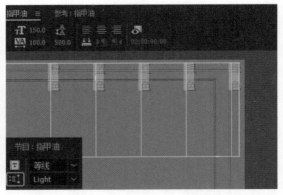

步骤 10 设置字幕水平游动选项。 在打开的对话框中，❶选中"向右游动"单选按钮，❷勾选"开始于屏幕外"复选框，❸设置"过卷"值为 50，❹单击"确定"按钮，如下左图所示。

步骤 11 单击"显示背景视频"按钮。 返回"字幕"面板，并在"字幕"面板中单击"显示背景视频"按钮，显示背景图像。如下右图所示，可以看到位于指甲油右上方的文字，且文字颜色较淡。

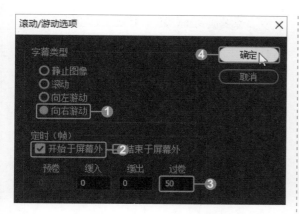

步骤 12 调整文本框位置。按住 Ctrl 键，将鼠标移至文本框上方，当鼠标指针变为 ▶ 形状时，单击并拖动字幕至合适的位置，如下图所示。

步骤 13 设置字幕的"外描边"效果。在"旧版标题属性"面板的"描边"选项组中，❶单击"外描边"选项右侧的"添加"选项，❷设置外描边"大小"值为 7，如下图所示。

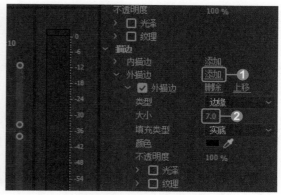

步骤 14 导入字幕至时间轴。将项目窗口中的"指甲油"字幕拖动至时间轴 V2 轨道上，如下图所示。

步骤 15 查看字幕水平游动效果。打开节目监视器，单击"播放 - 停止切换"按钮 ▶，播放视频，当视频播放至"00:00:01:07"位置时，字幕的水平游动效果如下图所示。

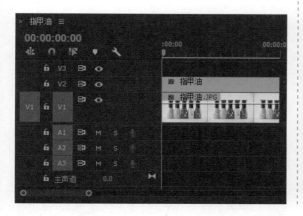

步骤 16 **继续查看字幕水平游动效果。** 继续播放视频，当视频播放至"00:00:03:10"位置时，字幕的水平游动效果如右图所示。

知识拓展

在"滚动 / 游动选项"对话框中，"预卷"是字幕在垂直滚动或水平游动开始之前所播放的帧数；"缓入"是字幕在达到播放速度之前，以缓慢增加的速度垂直或水平移动的帧数；"缓出"是字幕在完成滚动或游动之前，以缓慢降低的速度垂直或水平移动的帧数；"过卷"是字幕滚动或游动完成之后所播放的帧数。

实例60——制作逐字打出的字幕

在商品视频的字幕编辑过程中，可以将多个字幕文件叠加使用，并通过调整时间轴窗口中的相关参数，实现字幕逐字打出的效果。本实例将通过详细的操作步骤介绍如何在视频中制作逐字打出的字幕。

原始文件	随书资源 \07\ 素材 \12.prproj
最终文件	随书资源 \07\ 源文件 \ 制作逐字打出的字幕 .prproj

步骤 01 **单击"基于当前字幕新建字幕"按钮。** 打开项目文件 12.prproj，双击项目窗口中的"字幕01"素材，使其在"字幕"面板中打开，并在面板中单击"基于当前字幕新建字幕"按钮🔳，如下图所示。

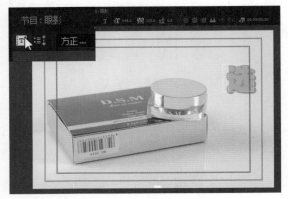

步骤 02 **设置新建字幕的名称。** 在打开的"新建字幕"对话框中，❶设置新建字幕文件的名称为"字幕02"，❷单击"确定"按钮，如下图所示。

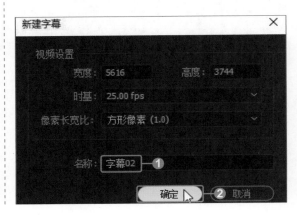

步骤 03 在项目窗口中查看"字幕02"。 确认设置后，在项目窗口中可看到新建的"字幕02"，如下图所示。

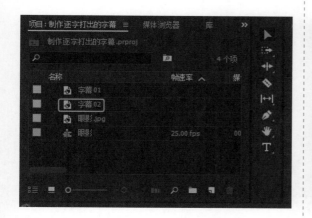

步骤 04 单击文本框末尾位置。 将鼠标移至"字幕"面板中的文本框上方，当鼠标指针变为 形状时，在文本框末尾位置单击，显示光标插入点，如下图所示。

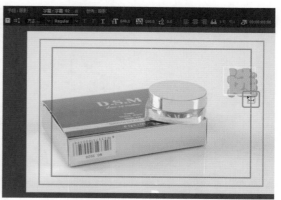

步骤 05 输入"字幕02"的文字内容。 在光标插入点处输入文字"我"，如下图所示。

步骤 06 再次单击"基于当前字幕新建字幕"按钮。 在"字幕"面板中单击"基于当前字幕新建字幕"按钮 ，如下图所示。

步骤 07 设置新建字幕的名称。 在打开的"新建字幕"对话框中，❶设置新建字幕文件的名称为"字幕03"，❷单击"确定"按钮，如下图所示。

步骤 08 在项目窗口中查看"字幕03"。 确认设置后，在项目窗口中可看到新建的"字幕03"，如下图所示。

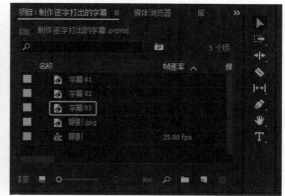

步骤 09 设置"字幕 03"的文字内容。使用相同的方法，❶在"字幕"面板的文本框中输入"吧"，❷按快捷键 Ctrl+A，全选文字，❸设置"字偶间距"值为 100，如下图所示。

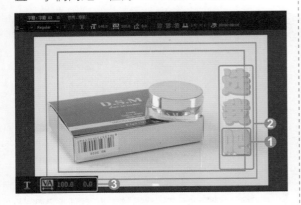

步骤 11 执行"速度 / 持续时间"命令。❶在时间轴窗口中右击"字幕 01"素材，❷在弹出的快捷菜单中执行"速度 / 持续时间"命令，如下图所示。

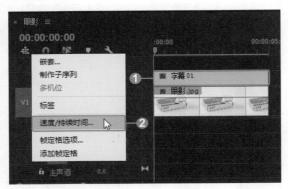

步骤 13 设置"字幕 02"素材的持续时间。将"字幕 02"导入至时间轴 V2 轨道上"字幕 01"的末尾处，使用相同的方法，❶设置"字幕 02"素材的持续时间为"00:00:01:00"，❷此时时间轴上会显示"字幕 02"持续时间的变化情况，如下图所示。

步骤 10 导入"字幕 01"至时间轴。在项目窗口中单击并拖动"字幕 01"素材至时间轴 V2轨道上，然后释放鼠标，如下图所示。

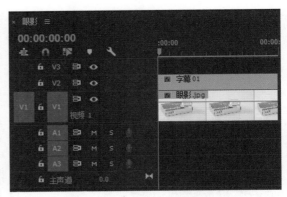

步骤 12 设置"字幕 01"素材的持续时间。打开"剪辑速度 / 持续时间"对话框，❶设置"持续时间"值为"00:00:01:00"，❷单击"确定"按钮，如下图所示。

步骤 14 设置"字幕 03"素材的持续时间。将"字幕 03"导入至时间轴 V2 轨道上"字幕 02"的末尾处，使用相同的方法，❶设置"字幕 03"素材的持续时间为"00:00:03:00"，❷设置完成后，时间轴上会显示"字幕 03"持续时间的变化情况，如下图所示。

步骤 15 查看字幕逐字打出效果。打开节目监视器，单击"播放 - 停止切换"按钮▶，播放视频，当视频播放至"00:00:01:12"位置时，效果如下图所示。

步骤 16 继续查看字幕逐字打出效果。继续播放视频，当视频播放至"00:00:03:18"位置时，效果如下图所示。

知识拓展

制作逐字打出字幕效果的方法还有很多，例如，在不同时间轴轨道上叠加使用不同的字幕。该方法首先需要对齐不同轨道上字幕的末尾时间点，然后对每个字幕设置不同的持续时间，使其在时间轴轨道上呈向右阶梯状显示。

实例61——制作带过渡效果的字幕

用户不仅可以在视频或图像间应用转场过渡效果，还可以在字幕间应用转场过渡效果。字幕素材的过渡编辑与视频素材的过渡编辑类似，也是应用"视频过渡"实现的。本实例将应用"中心拆分"和"交叉缩放"过渡来制作字幕。

原始文件	随书资源 \07\ 素材 \13.prproj
最终文件	随书资源 \07\ 源文件 \ 制作带过渡效果的字幕 .prproj

步骤 01 导入"背景条"与"美白"字幕至时间轴窗口。打开项目文件 13.prproj，将项目窗口中的"背景条"字幕拖动至时间轴 V2 轨道上，将"美白"字幕拖动至时间轴 V3 轨道上，如下图所示。

步骤 02 执行"速度 / 持续时间"命令。❶在时间轴窗口中右击"背景条"字幕，❷在弹出的快捷菜单中执行"速度 / 持续时间"命令，如下图所示，打开"剪辑速度 / 持续时间"对话框。

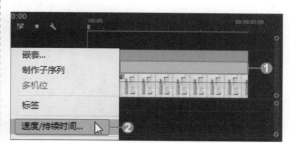

步骤 03 设置"背景条"字幕的持续时间。在打开的"剪辑速度／持续时间"对话框中，❶设置"持续时间"值为"00:00:03:00"，❷单击"确定"按钮，完成设置，如下图所示。

步骤 04 设置"美白"字幕的持续时间。返回时间轴窗口，使用相同方法设置"美白"字幕的"持续时间"值为"00:00:01:00"。下图所示为设置完成后，时间轴上显示的素材持续时间的变化情况。

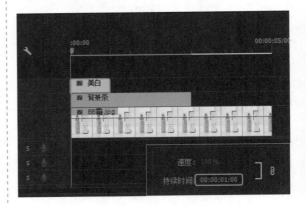

步骤 05 设置"防晒"字幕的持续时间。❶将项目窗口中的"防晒"字幕拖动至时间轴 V3 轨道上"美白"素材的末尾处，❷使用相同方法设置"防晒"素材的持续时间为"00:00:01:00"。下图所示为设置完成后的时间轴窗口。

步骤 06 设置"一步到位"字幕的持续时间。❶将项目窗口中的"一步到位"字幕拖动至时间轴 V3 轨道上"防晒"字幕的末尾处，❷使用相同方法设置"一步到位"素材的持续时间为"00:00:01:00"。设置后，在时间轴窗口中显示的素材持续时间如下图所示。

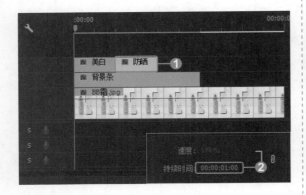

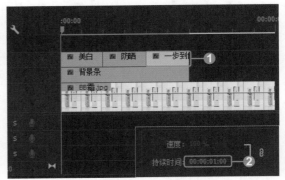

步骤 07 单击"中心拆分"过渡。打开工作区右侧的"效果"面板，❶单击"视频过渡"选项组中的"滑动"选项，❷在展开的"滑动"选项组中单击"中心拆分"过渡，如下图所示。

步骤 08 应用"中心拆分"过渡。按住"中心拆分"过渡不放，将其拖动至时间轴窗口中"美白"与"防晒"素材的中间位置，当鼠标指针的右下方出现❖图形时，如下图所示，释放鼠标，应用"中心拆分"过渡。

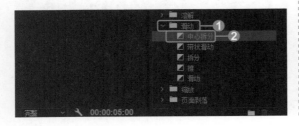

步骤 09 双击"中心拆分"过渡图示。应用"中心拆分"过渡后，时间轴窗口中会显示其图示，双击"中心拆分"过渡图示，如下图所示，打开"设置过渡持续时间"对话框。

步骤 10 设置"中心拆分"过渡的持续时间。在打开的"设置过渡持续时间"对话框中，❶设置"持续时间"值为"00:00:00:15"，❷单击"确定"按钮，完成设置，如下图所示。

步骤 11 单击"交叉缩放"过渡。在"视频过渡"选项组中，❶单击"缩放"选项，❷在展开的"缩放"选项组中单击"交叉缩放"过渡，如下图所示。

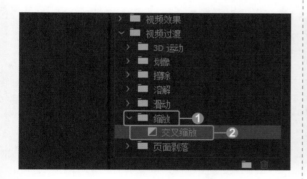

步骤 12 应用"交叉缩放"过渡。拖动"交叉缩放"过渡至时间轴窗口中"防晒"与"一步到位"素材的中间位置，当鼠标指针的右下方出现➕图形时，如下图所示，释放鼠标，应用"交叉缩放"过渡。

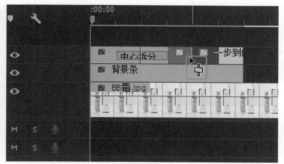

步骤 13 双击"交叉缩放"过渡图示。在时间轴窗口中会显示"交叉缩放"过渡图示，双击"交叉缩放"过渡图示，如下图所示，打开"设置过渡持续时间"对话框。

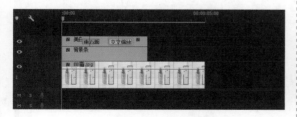

步骤 14 设置"交叉缩放"过渡的持续时间。在"设置过渡持续时间"对话框中，❶设置"持续时间"值为"00:00:00:20"，❷单击"确定"按钮，完成设置，如下图所示。

步骤 15 查看字幕过渡效果。单击节目监视器窗口中的"播放 - 停止切换"按钮▶，播放视频，查看字幕的过渡效果，当视频播放至"00:00:02:07"位置时，"交叉缩放"过渡效果如右图所示。

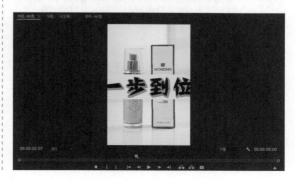

第8章
插入恰到好处的背景音乐

浏览网店中的视频时，经常会听到一些动听的音乐，这些音乐可以使用 Premiere Pro 中的音频功能进行添加。Premiere Pro 中有独立的音频编辑轨道，可以在该轨道上执行添加音频标记、添加音频关键帧、切割音频等操作。本章将详细介绍如何添加和编辑商品视频中的音频。

实例62——分离和删除音频

拍摄视频素材时，通常容易受到拍摄环境的影响，记录下一些无用的杂音。在后期编辑时，可将音频从视频中分离出来，从而使视频达到"静音"效果。本实例通过执行"取消链接"命令分离音频与视频，然后执行"清除"命令，删除音频。

原始文件	随书资源 \08\ 素材 \01.prproj
最终文件	随书资源 \08\ 源文件 \ 分离和删除音频 .prproj

步骤01 导入素材至时间轴窗口。打开项目文件 01.prproj，将项目窗口中的"硬盘 .mp4"素材拖动至时间轴窗口，并放大显示素材，如下图所示。

步骤02 执行"取消链接"命令。右击时间轴窗口中的"硬盘 .mp4"素材，在弹出的快捷菜单中执行"取消链接"命令，如下图所示。

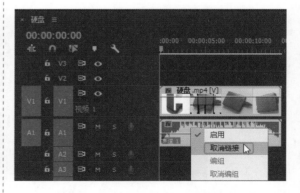

步骤03 查看音画分离结果。返回时间轴窗口，选中 V1 轨道上的视频素材部分，可以看到 A1 轨道上的音频素材部分并未被选中，如右图所示。

步骤 04 执行"清除"命令。在时间轴窗口中，❶右击 A1 轨道上的音频素材，❷在弹出的快捷菜单中执行"清除"命令，如下图所示。

步骤 05 查看音频删除结果。此时可以看到时间轴 A1 轨道上的音频素材已被删除，如下图所示。

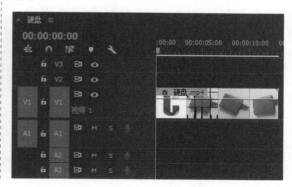

技巧提示

除本实例中所讲的方法外，还可通过单击时间轴窗口中的"链接选择项"按钮，实现所选素材的音画分离。

实例63——添加和链接音频

在商品视频中插入合适的背景音乐，能在最大程度上增强视频的视听吸引力。当删除视频中的杂音后，还可以为"静音"的视频添加新的背景音乐。本实例将对在视频文件中添加并链接新音频文件的操作进行讲解。

原始文件	随书资源 \08\ 素材 \02.prproj、动感音乐 .mp3
最终文件	随书资源 \08\ 源文件 \ 添加和链接音频 .prproj

步骤 01 打开项目文件。执行"文件 > 打开项目"菜单命令，打开项目文件 02.prproj，如下图所示。

步骤 02 执行"文件 > 导入"菜单命令。执行"文件 > 导入"菜单命令，❶在打开的对话框中单击"动感音乐 .mp3"音频素材，❷单击"打开"按钮，如下图所示。

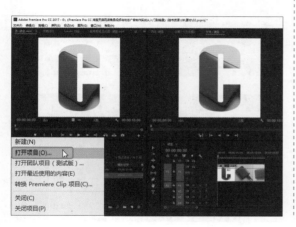

步骤 03 查看项目窗口中的音频素材。此时，"动感音乐.mp3"音频素材被导入项目窗口中，并可看到该素材呈选中状态，如下图所示。

步骤 04 导入音频素材至时间轴窗口。将项目窗口中的"动感音乐.mp3"音频素材向右拖动至时间轴 A1 轨道上，释放鼠标，并放大显示素材，如下图所示。

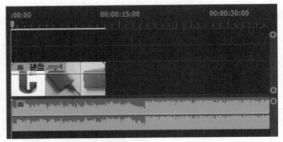

步骤 05 将音频素材切割为两段。❶单击工具面板中的"剃刀工具"按钮，❷将鼠标移至时间轴 A1 轨道中的素材上方，当出现一条黑色竖线时，单击黑色竖线与音频交界的位置，将音频素材切割成两段，如下图所示。

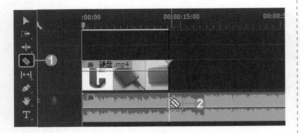

步骤 06 选中切割后的第二段音频素材。❶单击工具面板中的"选择工具"按钮，❷在时间轴 A1 轨道中单击选中切割后的第二段音频素材，如下图所示。

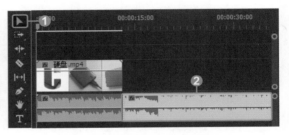

步骤 07 删除切割后的第二段音频素材。按 Delete 键删除选中的素材，在 A1 轨道上只剩下切割后的第一段音频素材，如下图所示。

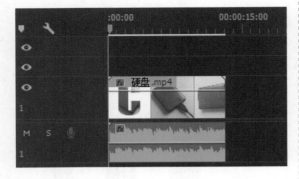

步骤 08 同时选中音频素材与视频素材。按住 Shift 键不放，依次单击 V1 轨道与 A1 轨道上的素材，选中这两段素材，如下图所示。

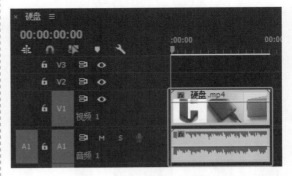

步骤 09 执行"链接"命令。❶右击选中素材的任意位置，❷在弹出的快捷菜单中执行"链接"命令，如右图所示。

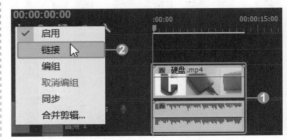

步骤 10 **查看音频与视频链接的结果。** 返回时间轴窗口，查看视频素材和音频素材链接的结果，如右图所示。此时，V1 轨道上"硬盘 .mp4"素材名称的右侧出现了"[M]"标记。

实例64——同步对齐视频和音频

如果视频中声音和画面的节奏不一致，会大大影响视频的整体效果，所以在视频中添加音频后，还需要应用"添加标记"工具编辑文件，使视频中的画面与声音节奏更一致。本实例将对鼠标商品视频中的音频进行处理，实现视频画面和声音的同步。

原始文件	随书资源 \08\ 素材 \03.prproj
最终文件	随书资源 \08\ 源文件 \ 同步对齐视频和音频 .prproj

步骤 01 **导入音频素材至时间轴窗口。** 打开项目文件 03.prproj，将项目窗口中的"游戏音乐 .mp3"素材拖动至时间轴 A1 轨道上，如下图所示。

步骤 02 **选择视频需要标记的位置。** 在时间轴窗口中，将播放指示器拖动至视频"00:00:02:16"位置，如下图所示。

步骤 03 **单击视频素材。** 单击选中时间轴窗口中的"电玩鼠标 .mp4"视频素材，如下图所示。

步骤 04 **添加视频标记。** 选中视频素材后，单击时间轴窗口中的"添加标记"按钮，此时"电玩鼠标 .mp4"视频素材上方会显示一个墨绿色标记，如下图所示。

步骤05 选择音频需要标记的位置。 在时间轴窗口中，将播放指示器拖动至视频"00:00:01:03"位置，如下图所示。

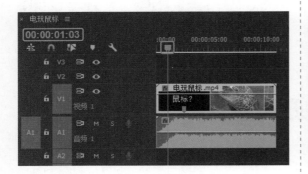

步骤06 添加音频标记。 单击选中音频素材，再单击时间轴窗口中的"添加标记"按钮，此时"游戏音乐.mp3"音频素材上方会显示一个墨绿色标记，如下图所示。

步骤07 拖动音频素材。 在时间轴窗口中单击并向右拖动音频素材，此时鼠标指针变为形状，当音频标记与视频标记对齐时，会出现一条黑色竖线，如下图所示。

步骤08 对齐视频和音频。 释放鼠标，完成音频素材的拖动，此时视频标记与音频标记位于同一时间点，如下图所示。这样即可实现视频和音频的同步对齐。

实例65——设置音频音量级别

　　浏览网店中的视频时，适当的音量能够给买家带来更愉悦的体验。在 Premiere Pro 中，可以通过拖动音频素材上的贝塞尔曲线，快速调整音频的音量。本实例将详细介绍如何调整音频整体和局部的音量大小。

原始文件	随书资源 \08\ 素材 \04.prproj
最终文件	随书资源 \08\ 源文件 \ 设置音频音量级别 .prproj

步骤01 导入音频素材至时间轴窗口。 打开项目文件 04.prproj，将项目窗口中的"轻快的旋律.mp3"素材拖动至时间轴 A1 轨道上，如右图所示。

步骤 02 勾选"显示音频关键帧"选项。在时间轴窗口中，❶单击"时间轴显示设置"按钮🔧，❷在弹出的列表中勾选"显示音频关键帧"选项，如下图所示。

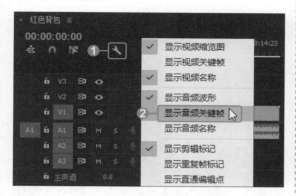

步骤 03 放大显示音频素材。将鼠标移至 A1 轨道左侧的空白位置，双击鼠标，放大显示 A1 轨道上的音频素材，可以看到音频素材中间有一条白色的贝塞尔曲线，如下图所示。

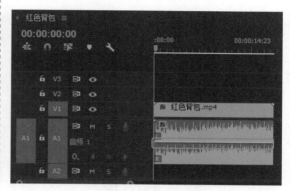

步骤 04 调节音频整体音量级别。将鼠标移至贝塞尔曲线上方，当鼠标指针变为 ⬆ 形状时，单击并向上拖动贝塞尔曲线，如下图所示。释放鼠标，即可提高音频整体的音量。

步骤 05 选择音量调节的起点位置。在时间轴窗口中将播放指示器拖动至"00:00:03:23"位置，如下图所示。

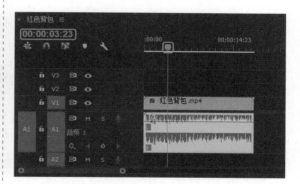

步骤 06 添加音量调节起点位置的关键帧。单击时间轴 A1 轨道上的"添加 - 移除关键帧"按钮◉，添加第一个关键帧，并在贝塞尔曲线上显示该关键帧，如下图所示。

步骤 07 添加音量调节终点位置的关键帧。在时间轴窗口中，❶将播放指示器定位于"00:00:09:01"位置，❷单击 A1 轨道上的"添加 - 移除关键帧"按钮◉，添加音频调节的第二个关键帧，如下图所示。

步骤 08 调节两个关键帧之间的音频音量。❶单击工具面板中的"钢笔工具"按钮✐，❷将鼠标移到两个关键帧之间的位置，单击并向下拖动，调整两个关键帧之间的音频音量，如下图所示。

步骤 09 完成音频音量的调节。将鼠标拖动至合适位置后，释放鼠标，完成两个关键帧之间音频音量的调节，如下图所示。

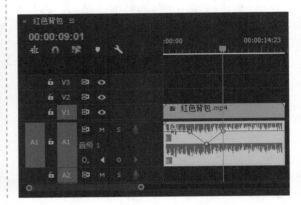

知识拓展

在音频素材的贝塞尔曲线上，除了使用"钢笔工具"添加关键帧和调节音量外，还可以使用"选择工具"对已有关键帧进行音量调节，其调节方法与使用"钢笔工具"的调节方法一致。

实例66——调整音频播放速度

在视频中添加音频素材后，可以对音频素材的播放速度进行调整。在 Premiere Pro 中执行"速度 / 持续时间"命令，在打开的"剪辑速度 / 持续时间"对话框中可设置选项，调整音频的播放速度。本实例将讲解调整音频播放速度的方法。

原始文件	随书资源 \08\ 素材 \05.prproj
最终文件	随书资源 \08\ 源文件 \ 调整音频播放速度 .prproj

步骤 01 导入音频素材至时间轴窗口。打开项目文件 05.prproj，将项目窗口中的"节奏 .mp3"素材拖动至 A1 轨道上，并放大显示素材，如下图所示。

步骤 02 执行"速度 / 持续时间"命令。❶右击时间轴窗口中的"节奏 .mp3"素材，❷在弹出的快捷菜单中执行"速度 / 持续时间"命令，如下图所示。

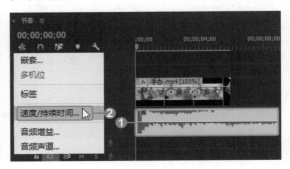

步骤 03 设置音频播放的持续时间。在打开的"剪辑速度 / 持续时间"对话框中，❶设置"速度"值为 150%，❷勾选"保持音频音调"复选框，❸单击"确定"按钮，如下图所示。

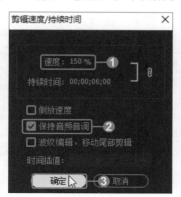

步骤 04 查看音频持续时间设置效果。设置完音频持续时间后，返回时间轴窗口，查看音频文件，显示其持续时间已缩短约三分之一，如下图所示。

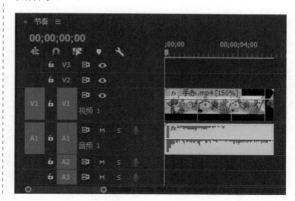

技巧提示

在 Premiere Pro 中，除本实例所讲的方法外，还可以使用"比率拉伸工具"拖动时间轴窗口中剪辑的任一边缘，达到快速更改剪辑速度、适应持续时间的目的。

实例67——设置音频淡入淡出效果

网店中的视频大多为短视频，在视频中添加的背景音乐通常都是从完整的音频素材中截取的一段。为了避免添加到视频中的音乐出现得太过突兀，可以应用"音频过渡"创建逐渐淡入或淡出的音频效果。本实例将应用"恒定增益"音频过渡，制作音频的淡入淡出效果。

原始文件	随书资源 \08\ 素材 \06.prproj
最终文件	随书资源 \08\ 源文件 \ 设置音频淡入淡出效果 .prproj

步骤 01 导入音频素材至时间轴窗口。打开项目文件 06.prproj，将项目窗口中的"音乐CD.mp3"素材拖动至时间轴 A1 轨道上，并放大显示素材，如下图所示。

步骤 02 单击"恒定增益"过渡。在"效果"面板中，❶单击"音频过渡"选项组中的"交叉淡化"下拉按钮，❷在展开的下拉列表中单击"恒定增益"过渡，如下图所示。

171

步骤 03 应用"恒定增益"过渡。将"恒定增益"过渡拖动至时间轴窗口中"音乐 CD.mp3"素材的开始位置，当鼠标指针的右下方出现 图形时，如下图所示，释放鼠标，应用"恒定增益"过渡。

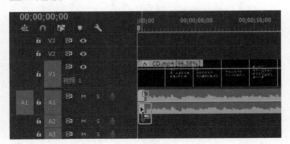

步骤 04 单击"恒定增益"过渡图示。应用"恒定增益"过渡后，音频素材的开始位置会显示其图示，单击该图示，如下图所示。

步骤 05 设置音频淡入的持续时间。打开"效果控件"面板，设置过渡的"持续时间"值为"00:00:03:00"，表示淡入的持续时间为 3 s，如下图所示。

步骤 06 再次应用"恒定增益"过渡。单击并拖动"效果"面板中的"恒定增益"过渡至音频素材的末尾位置，如下图所示。释放鼠标，再次应用"恒定增益"过渡。

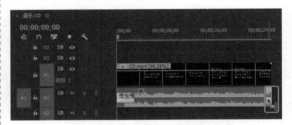

步骤 07 单击第二个"恒定增益"过渡图示。此时音频素材的末尾位置显示过渡图示，单击该图示，如下图所示。

步骤 08 设置音频淡出的持续时间。打开"效果控件"面板，设置过渡的"持续时间"值为"00:00:02:29"，完成设置，如下图所示。

实例68——制作音频卷积混响效果

为了让商品视频显得更加贴近实景效果，可通过对其中的音频应用"卷积混响"效果，在特定地方添加水声、游戏声等特殊音效，从而带给买家更真实的感官体验。本实例将应用"卷积混响"音频效果对音频的原声效果进行编辑。

原始文件	随书资源 \08\ 素材 \07.prproj
最终文件	随书资源 \08\ 源文件 \ 制作音频卷积混响效果 .prproj

步骤 01 导入音频素材至时间轴窗口。打开项目文件 07.prproj，分别将项目窗口中的"水流背景音频 .mp4"和"悠闲音乐 .mp4"素材拖动至时间轴 A1 轨道和 A2 轨道上，并放大显示素材，如下图所示。

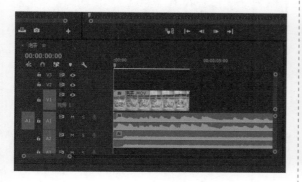

步骤 02 使用"剃刀工具"切割视频。❶单击"剃刀工具"按钮，❷将鼠标移至时间轴 A1 轨道中的素材上方，当出现一条黑色竖线时，单击黑色竖线与音频交界的位置，将音频素材切割成两段，如下图所示。

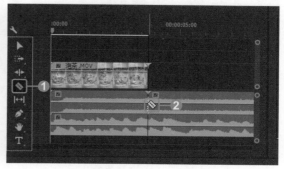

步骤 03 选中 A1 轨道上切割后的第二段音频素材。❶单击"选择工具"按钮，❷单击 A1轨道上切割后的第二段音频素材，如下图所示。

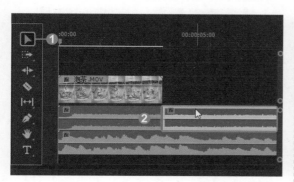

步骤 04 删除选中的音频素材。按 Delete 键，删除选中的音频素材，效果如下图所示。

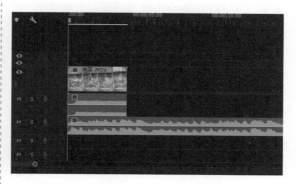

步骤 05 删除 A2 轨道上音频素材的多余部分。重复步骤 02 ～ 04，将 A2 轨道上音频素材的多余部分切割并删除，如下图所示。

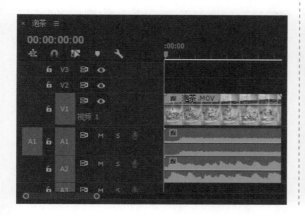

步骤 06 调节 A1 轨道上音频素材的音量级别。将鼠标移至 A1 轨道中间的贝塞尔曲线上方，当鼠标指针变为形状时，单击并向上拖动贝塞尔曲线，如下图所示。释放鼠标，调整音频的音量级别。

步骤 07 单击"卷积混响"效果。在"效果"面板中，❶单击"音频效果"下拉按钮，❷在展开的下拉列表中单击"卷积混响"效果，如下图所示。

步骤 09 单击"编辑"按钮。打开"效果控件"面板，在"卷积混响"选项组下单击"自定义设置"选项右侧的"编辑"按钮，如下图所示。

步骤 11 设置混响参数。继续在"剪辑效果编辑器"对话框中设置选项，❶设置"房间大小"值为 60%，❷设置"预延迟"值为 20 ms，❸设置"增益"值为 5 dB，❹完成设置后，单击"关闭"按钮 ⊠，如下图所示。

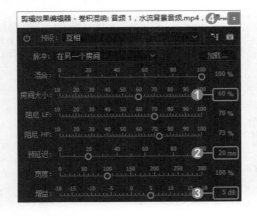

步骤 08 应用"卷积混响"效果。将"卷积混响"效果拖动至时间轴 A1 轨道中的素材上方，当鼠标指针变为 形状时，如下图所示，释放鼠标，应用"卷积混响"效果。

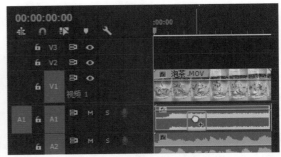

步骤 10 设置"卷积混响"的"脉冲"参数。在打开的"剪辑效果编辑器"对话框中，❶单击"脉冲"下拉按钮，❷在展开的下拉列表中单击"在另一个房间"选项，如下图所示。

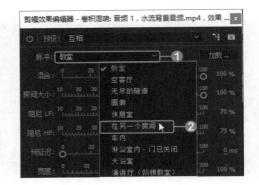

步骤 12 降低"悠闲音乐.mp4"素材的音量级别。单击时间轴 A2 轨道上的素材，打开"效果控件"面板，设置"级别"值为 -4 dB，完成音频混响效果的编辑，如下图所示。

实例69——制作音频延迟效果

有些视频在开始位置时并不需要任何声音，此时可以对其应用"延迟"音频效果，添加音频剪辑的回声，使音频能在指定的时间之后播放。本实例将对音频素材应用"延迟"效果，使音频在视频画面播放 2 s 后开始播放。

原始文件	随书资源 \08\ 素材 \08.prproj
最终文件	随书资源 \08\ 源文件 \ 制作音频延迟效果 .prproj

步骤 01 导入音频素材至时间轴。打开项目文件 08.prproj，将项目窗口中的"背景音乐 .mp3"素材拖动至时间轴 A1 轨道上，并放大显示素材，如下图所示。

步骤 02 单击"延迟"效果。在"效果"面板中，❶单击"音频效果"下拉按钮，❷在展开的下拉列表中单击"延迟"效果，如下图所示。

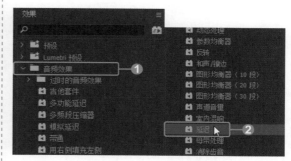

步骤 03 应用"延迟"效果。将"延迟"效果拖动至时间轴 A1 轨道中的素材上方，当鼠标指针变为形状时，释放鼠标，应用"延迟"效果，如下图所示。

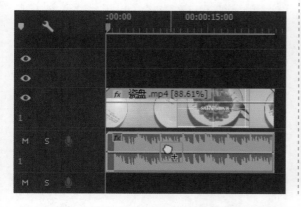

步骤 04 设置"延迟"效果的参数。打开"效果控件"面板，在"延迟"选项组中，❶设置"延迟"值为 2 s，❷设置"反馈"值为 50%，❸设置"混合"值为 80%，如下图所示。至此已完成设置。

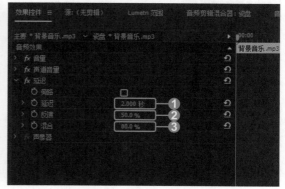

知识拓展

"延迟"选项用于指定回声播放之前的时间，其最大值为 2 s；"反馈"选项用于指定往回添加到延迟（以创建多个衰减回声）的延迟信号百分比；"混合"选项用于控制回声量的属性。

第 9 章
制作丰富多彩的视频特效

　　制作网店商品视频广告时，加入丰富多彩的视频特效能起到锦上添花的作用。视频特效的制作需要用户活用各种视频效果、视频过渡、字幕等编辑工具，对视频进行创意编辑。本章将介绍如何应用不同的视频编辑工具制作商品视频特效。

实例70——视频快播慢播效果

　　在商品视频的编辑中，可以对同一时间轴上不同素材的播放速度进行设置，使视频形成一种独特的节奏和韵律。本实例将应用"剃刀工具"切割视频，并应用调速工具对切割后的视频设置不同的播放速度，制作出视频的快播慢播效果。

原始文件	随书资源 \09\ 素材 \01.prproj
最终文件	随书资源 \09\ 源文件 \ 视频快播慢播效果 .prproj

步骤 01 导入素材至时间轴窗口。打开项目文件 01.prproj，将项目窗口中的"眼镜盒 .mp4"素材拖动至时间轴 V1 轨道上，如下图所示。

步骤 02 切割视频。❶单击工具面板中的"剃刀工具"按钮，❷将播放指示器定位于视频"00:00:04:05"位置，❸单击时间标识与 V1 轨道上素材的交界位置，将视频切割成两段，如下图所示。

步骤 03 继续切割视频。❶将播放指示器定位于视频"00:00:05:16"位置，❷单击时间标识与 V1 轨道上素材的交界位置，将视频切割成 3 段，如右图所示。

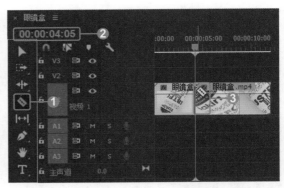

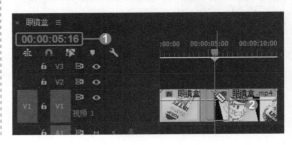

步骤 04 移动第二段视频位置。❶单击"选择工具"按钮 ▶，❷选中切割后的第二段视频，将其拖动至第三段视频的末尾位置，当出现一条黑色竖线时，如下图所示，释放鼠标。

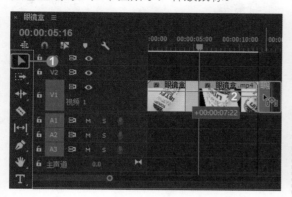

步骤 06 设置第一段视频素材的播放速度。打开"剪辑速度/持续时间"对话框，❶设置"速度"值为200%，❷单击"确定"按钮，如下图所示。视频的持续时间更改为"00:00:02:02"。

步骤 08 同时选中第二段和第三段视频素材。选择工具面板中的"选择工具"，按住 Shift 键不放，依次单击第二段和第三段视频素材，如下图所示。

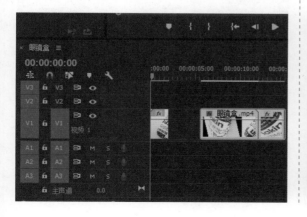

步骤 05 执行"速度/持续时间"命令。❶右击切割后的第一段视频素材，❷在弹出的快捷菜单中执行"速度/持续时间"命令，如下图所示。

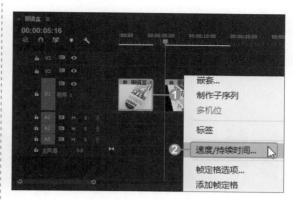

步骤 07 设置第三段视频素材的播放速度。使用与步骤05、06相同的方法，设置切割后的第三段视频素材的播放"速度"值为50%，如下图所示。视频的持续时间变为"00:00:02:22"。

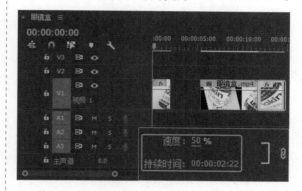

步骤 09 无缝连接3段视频素材。将选中的两段视频素材向左拖动至第一段视频素材的末尾位置，当出现一条黑色竖线时，如下图所示，释放鼠标，将后面两段视频素材与第一段视频素材无缝连接起来。

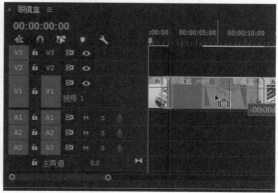

步骤 10 效果制作完成。无缝连接视频素材后，即完成了本实例的特效制作。打开节目监视器，播放视频，查看设置后的视频效果。右图所示为视频播放至"00:00:11:05"位置时的图像效果。

实例71——时光倒流效果

对于时钟、怀表、沙漏等表示时间的商品，可以通过对其视频的播放速度、图像颜色及倒放等进行设置，制作时光快速倒流的效果，渲染复古和怀旧的氛围。本实例将以时钟为例，制作时光倒流的视频效果。

原始文件	随书资源 \09\ 素材 \02.prproj
最终文件	随书资源 \09\ 源文件 \ 时光倒流效果 .prproj

步骤 01 导入素材至时间轴窗口。打开项目文件02.prproj，将项目窗口中的"时钟 .mp4"素材导入时间轴窗口，如下图所示。

步骤 02 单击"黑白正常对比度"效果。在"效果"面板中，❶单击"Lumetri 预设"选项组中的"单色"下拉按钮，❷在展开的下拉列表中单击"黑白正常对比度"效果，如下图所示。

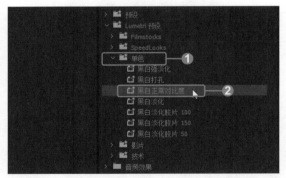

步骤 03 应用"黑白正常对比度"效果。将"黑白正常对比度"效果拖动至时间轴窗口中的素材上方，当鼠标指针变为形状时，如右图所示，释放鼠标，应用"黑白正常对比度"效果。

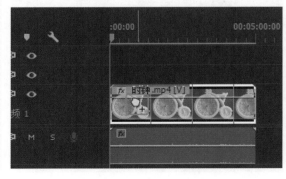

步骤 04 查看默认状态下的图像效果。在节目监视器窗口中观察默认设置下的图像黑白效果，如下图所示。

步骤 05 展开"曲线"下拉列表。打开"效果控件"面板，显示"Lumetri Color（黑白正常对比度）"选项组，单击"曲线"选项左侧的下拉按钮，展开"曲线"选项组，如下图所示。

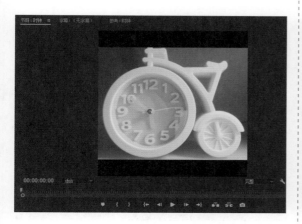

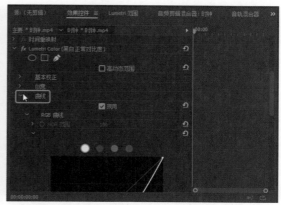

步骤 06 调整曲线。在"RGB 曲线"选项组中单击并拖动白色曲线，调整图像的黑白对比度，如下图所示。

步骤 07 查看曲线调整效果。设置后在节目监视器窗口中显示调整曲线后的视频画面，此时图像的颜色更加黑白分明，如下图所示。

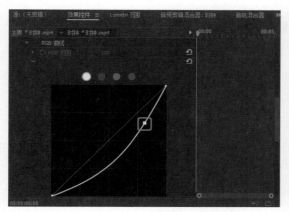

步骤 08 执行"速度/持续时间"命令。右击时间轴窗口中的视频素材，在弹出的快捷菜单中执行"速度/持续时间"命令，如下图所示。

步骤 09 设置素材的持续时间。打开"剪辑速度/持续时间"对话框，❶设置"速度"值为2500%，❷勾选"倒放速度"复选框，❸单击"确定"按钮，完成设置，如下图所示。

步骤 10 **导入音频素材**。删除 A1 轨道上的音频素材，再将项目窗口中的"时钟滴答 .wav"素材导入时间轴 A1 轨道上，调整其持续时间与"时钟 .mp4"素材一致，如下图所示。

步骤 11 **查看视频倒放效果**。播放视频，查看视频倒放效果，当视频播放至"00:00:09:09"位置时，可以看到时钟分针沿逆时针方向后退了约 1 min，如下图所示。

实例72——纯色边框效果

在网店商品视频编辑中，可通过为视频制作不同颜色的边框，给买家带来不同的视觉体验。本实例将通过新建序列和应用"颜色遮罩"工具，为视频制作清新风格的白色边框。

原始文件	随书资源 \09\ 素材 \03.prproj
最终文件	随书资源 \09\ 源文件 \ 纯色边框效果 .prproj

步骤 01 **新建序列**。打开项目文件 03.prproj，按快捷键 Ctrl+N，打开"新建序列"对话框，❶设置帧大小"水平"值为 928、"垂直"值为 522，❷设置"序列名称"为"毛呢大衣"，如下图所示。设置完成后单击"确定"按钮。

步骤 02 **导入素材至时间轴窗口**。将项目窗口中的"毛呢大衣 .mp4"素材拖动至序列"毛呢大衣"的时间轴 V2 轨道上，并放大显示素材，如下图所示。

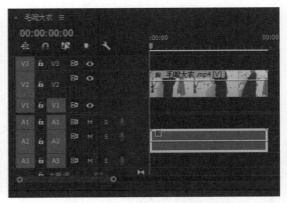

步骤 03 **查看序列设置效果。** 在节目监视器窗口中查看序列设置效果，如下图所示。

步骤 05 **确认新建颜色遮罩。** 打开"新建颜色遮罩"对话框，❶保持颜色遮罩的"宽度"值和"高度"值不变，❷单击对话框中的"确定"按钮，确认新建颜色遮罩，如下图所示。

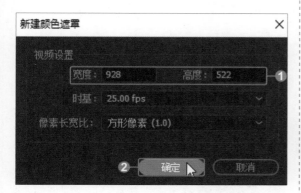

步骤 07 **在项目窗口中查看新建的颜色遮罩。** 新建颜色遮罩后，系统会自动将其作为素材导入项目窗口中，如下图所示。

步骤 04 **执行菜单命令新建颜色遮罩。** 执行"文件 > 新建 > 颜色遮罩"菜单命令，如下图所示。

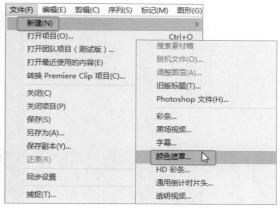

步骤 06 **设置颜色遮罩的颜色和名称。** ❶在打开的"拾色器"对话框中设置颜色值为R243、G232、B232，❷单击"确定"按钮，❸打开"选择名称"对话框，单击"确定"按钮，如下图所示。

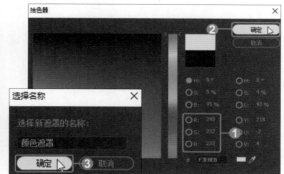

步骤 08 **导入"颜色遮罩"至时间轴窗口。** 将项目窗口中的"颜色遮罩"素材拖动至时间轴V1轨道上，再将鼠标移至素材右侧边缘位置，当鼠标指针变为 形状时，单击并向右拖动鼠标，当出现一条黑色竖线时，如下图所示，释放鼠标，调整素材播放的持续时间。

步骤09 查看视频效果。单击节目监视器窗口中的"播放-停止切换"按钮▶，播放视频，查看边框效果，当视频播放至"00:00:10:12"位置时，图像效果如右图所示。

实例73——边界朦胧效果

使用 Premiere Pro 进行商品视频的编辑时，为了弱化图像的边缘像素，以更加独特的形式突出显示图像中的主要商品，可对图像进行模糊和羽化处理，制作出边界朦胧效果。本实例将应用"羽化边缘"和"方向模糊"效果制作视频图像的边界朦胧效果。

原始文件	随书资源 \09\ 素材 \04.prproj
最终文件	随书资源 \09\ 源文件 \ 边界朦胧效果 .prproj

步骤01 导入素材至时间轴窗口。打开项目文件04.prproj，将项目窗口中的"光盘.jpg"素材拖动至时间轴 V1 轨道上，并放大显示素材，如下图所示。

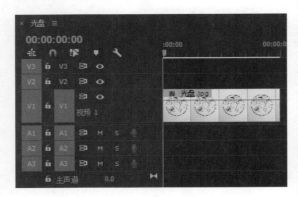

步骤02 单击"方向模糊"效果。在"效果"面板中，❶单击"视频效果"选项组中的"模糊与锐化"下拉按钮，❷在展开的下拉列表中单击"方向模糊"效果，如下图所示。

步骤03 应用"方向模糊"效果。将"方向模糊"效果拖动至时间轴 V1 轨道中的"光盘.jpg"素材上方，当鼠标指针变为形状时，如右图所示，释放鼠标，应用"方向模糊"效果。

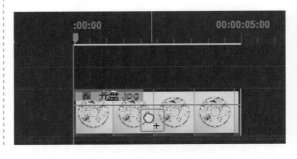

步骤04 设置"方向模糊"参数。选中时间轴窗口中的"光盘.jpg"素材，在"效果控件"面板的"方向模糊"选项组中，❶设置"方向"值为45°，❷设置"模糊长度"值为3，如下图所示。

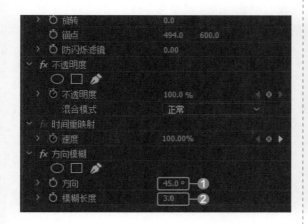

步骤05 单击"羽化边缘"效果。在"效果"面板中，❶单击"视频效果"选项组中的"变换"下拉按钮，❷在展开的下拉列表中单击"羽化边缘"效果，如下图所示。

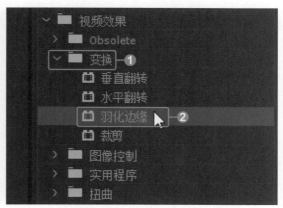

步骤06 应用"羽化边缘"效果。将"羽化边缘"效果拖动至时间轴窗口中的"光盘.jpg"素材上方，当鼠标指针变为 形状时，如下图所示，释放鼠标，应用"羽化边缘"效果。

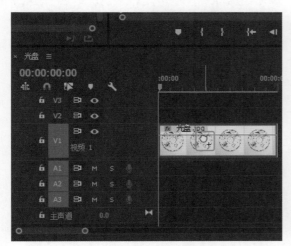

步骤07 设置"羽化边缘"参数。打开"效果控件"面板，在"羽化边缘"选项组中设置"数量"值为100，如下图所示。

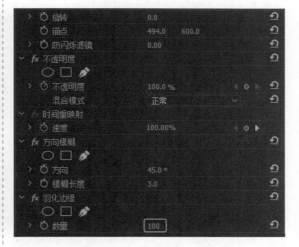

步骤08 查看边界朦胧效果。在节目监视器窗口中查看图像，可以看到朦胧的边界效果，如右图所示。

实例74——移动遮罩效果

遮罩效果是指在视频播放的过程中，通过遮罩的形式显示局部视频图像。若要制作移动的遮罩效果，只需对遮罩图形的位置进行变化即可，其显示的局部图像位置也会发生相应变化。在网店视频中，通过应用移动遮罩效果可以抠取视频中的主要对象，以突出商品的主要特性。本实例将应用"轨道遮罩键"效果及字幕工具制作视频的移动遮罩效果。

原始文件	随书资源 \09\ 素材 \05.prproj
最终文件	随书资源 \09\ 源文件 \ 移动遮罩效果 .prproj

步骤 01 导入素材至时间轴窗口。打开项目文件05.prproj，将项目窗口中的"秒表 .mp4"素材拖动至时间轴 V1 轨道上，并放大显示素材，如下图所示。

步骤 02 打开"新建字幕"对话框。❶单击节目监视器窗口中的"字幕"标签，❷在展开的"字幕"面板中单击"基于当前字幕新建字幕"按钮，如下图所示。

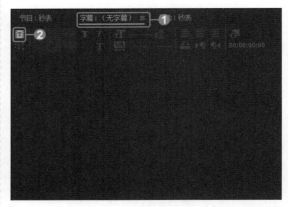

步骤 03 设置字幕名称。打开"新建字幕"对话框，❶输入字幕"名称"为"轨道遮罩"，❷单击"确定"按钮，完成设置，如下图所示。

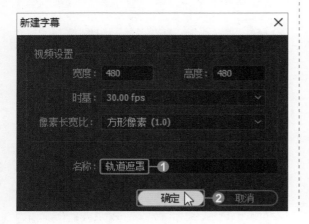

步骤 04 查看新建的字幕。此时系统自动将新建的"轨道遮罩"字幕导入项目窗口中，如下图所示。

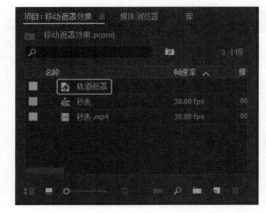

步骤 05 **选择“椭圆工具”。** ❶单击工作区右侧的“旧版标题工具”标签，❷在展开的面板中单击“椭圆工具”按钮，如下图所示。

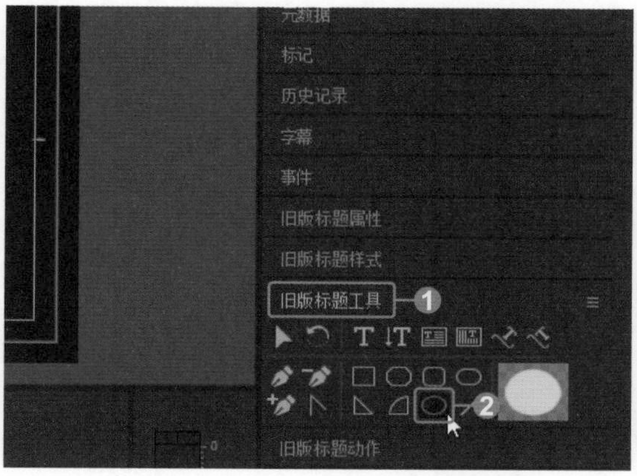

步骤 06 **绘制椭圆图形。** 将鼠标移至“字幕”面板，当鼠标指针变为形状时，单击并拖动鼠标，绘制椭圆图形，效果如下图所示。

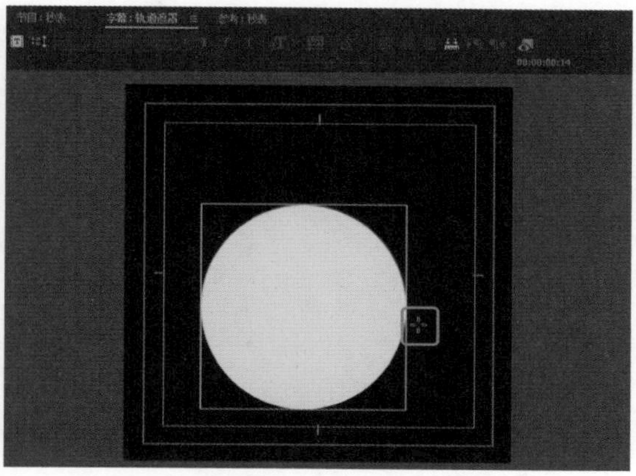

步骤 07 **导入“轨道遮罩”字幕至时间轴窗口。** 将项目窗口中的“轨道遮罩”字幕文件拖动至时间轴 V2 轨道上，并放大显示素材，如下图所示。

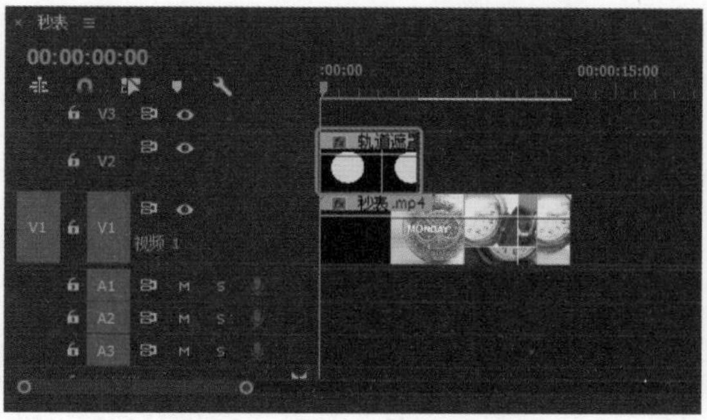

步骤 08 **控制“轨道遮罩”字幕的持续时间。** 将鼠标移至时间轴窗口中“轨道遮罩”字幕的右侧边缘位置，当鼠标指针变为形状时，按住鼠标左键不放并向右拖动，当出现一条黑色竖线时，如下图所示，释放鼠标。

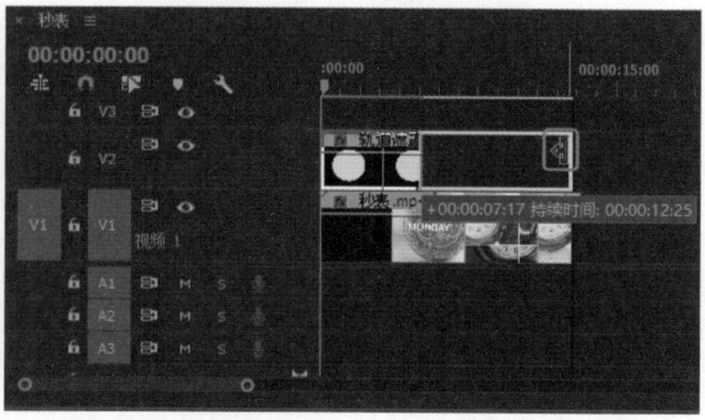

步骤 09 **单击“轨道遮罩键”效果。** 打开“效果”面板，❶单击“视频效果”选项组中的“键控”下拉按钮，❷在展开的下拉列表中单击“轨道遮罩键”效果，如下图所示。

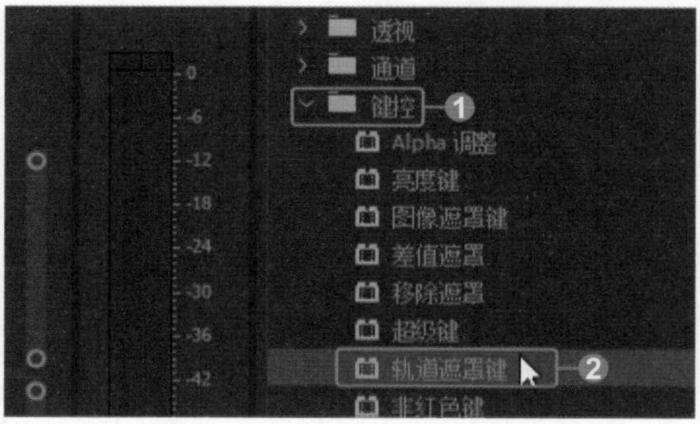

步骤 10 **应用“轨道遮罩键”效果。** 将“轨道遮罩键”效果拖动至时间轴 V1 轨道中的“秒表 .mp4”素材上方，当鼠标指针变为形状时，如下图所示，释放鼠标，应用“轨道遮罩键”效果。

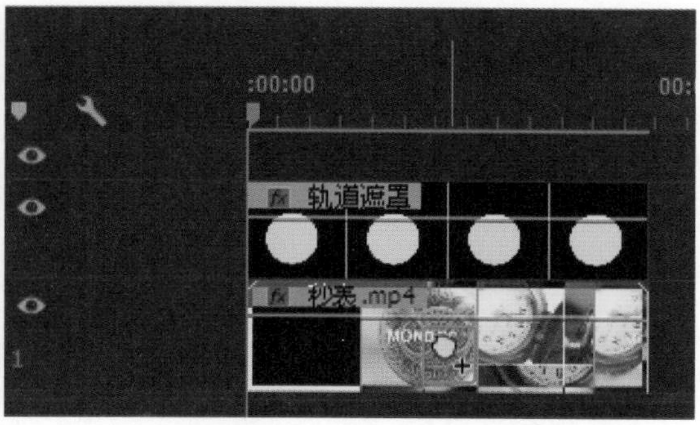

步骤 11 设置轨道遮罩图层。选择时间轴窗口中的"秒表.mp4"素材，再打开"效果控件"面板，在"轨道遮罩键"选项组中，❶单击"遮罩"下拉按钮，❷在展开的下拉列表中单击"视频2"选项，如下图所示。

步骤 12 设置轨道遮罩的"合成方式"参数。在"轨道遮罩键"选项组中，❶单击"合成方式"下拉按钮，❷在展开的下拉列表中单击"亮度遮罩"选项，完成遮罩的基本设置，如下图所示。

步骤 13 选择第一个关键帧的位置。接下来设置遮罩图形的位置和大小。将时间轴窗口中的播放指示器定位于视频"00:00:01:07"位置，然后单击"轨道遮罩"字幕素材，如下图所示。

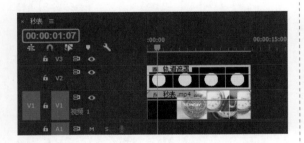

步骤 14 添加第一个关键帧。在"效果控件"面板中打开"轨道遮罩键"的"视频效果"选项组，❶单击"位置"选项左侧的"切换动画"按钮，❷单击"缩放"选项左侧的"切换动画"按钮，添加第一个关键帧，并保持默认的参数值，如下图所示。

步骤 15 添加第二个关键帧并设置相关参数。将播放指示器定位于"00:00:05:12"位置，❶单击"位置"选项右侧的"添加/移除关键帧"按钮，添加第二个关键帧，❷设置"位置"值为264、195，❸单击"缩放"选项右侧的"添加/移除关键帧"按钮，❹设置"缩放"值为123，如下图所示。

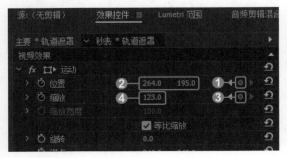

步骤 16 添加第三个关键帧并设置相关参数。将播放指示器定位于"00:00:08:03"位置，❶单击"位置"选项右侧的"添加/移除关键帧"按钮，添加第三个关键帧，❷设置"位置"值为169、102，❸单击"缩放"选项右侧的"添加/移除关键帧"按钮，❹设置"缩放"值为115，如下图所示。

步骤 17 添加第四个关键帧并设置相关参数。将播放指示器定位于"00:00:11:19"位置，❶单击"位置"选项右侧的"添加／移除关键帧"按钮◙，添加第四个关键帧，❷设置"位置"值为388、299，❸单击"缩放"选项右侧的"添加／移除关键帧"按钮◙，❹设置"缩放"值为202，如右图所示。

步骤 18 查看视频的移动遮罩效果。在节目监视器窗口中单击"播放 - 停止切换"按钮▶，播放视频，查看视频的移动遮罩效果，当视频播放至"00:00:07:16"位置时，显示的画面效果如下图所示。

步骤 19 继续查看视频的移动遮罩效果。继续播放视频，查看视频的移动遮罩效果，当视频播放至"00:00:09:11"位置时，显示的画面效果如下图所示。

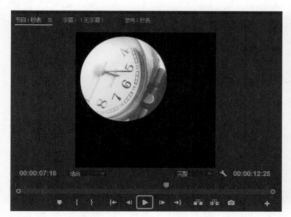

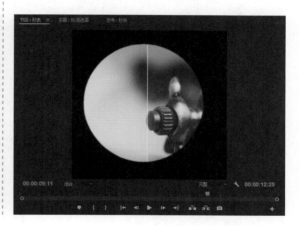

实例75——电影胶片效果

电影胶片效果是指使视频像电影胶片一样水平移动播放的效果。当需要使用多幅商品图像素材制作电子相册时，即可使用该效果。本实例将使用字幕"矩形工具"制作胶片边框，使用字幕"填充"工具为矩形图形填充图片纹理等，制作带电影胶片效果的商品电子相册。

原始文件	随书资源 \09\ 素材 \06.prproj、冬靴 01.jpg ～冬靴 03.jpg
最终文件	随书资源 \09\ 源文件 \ 电影胶片效果 .prproj

步骤 01 在"字幕"面板中打开字幕。打开项目文件 06.prproj，双击项目窗口中的"滚动胶片"游动字幕，使其在"字幕"面板中打开，如右图所示。

> **技巧提示**
>
> 本实例已提前创建好游动字幕，这种字幕的创建和设置方法参见第 7 章实例 59。

步骤 02 选择"矩形工具"。❶单击工作区右侧的"旧版标题工具"标签，❷在打开的面板中单击"矩形工具"按钮▣，如下图所示。

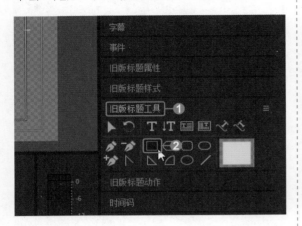

步骤 03 绘制矩形图形。将鼠标移至"字幕"面板，当鼠标指针变为╫形状时，单击并拖动鼠标以绘制矩形图形，如下图所示。

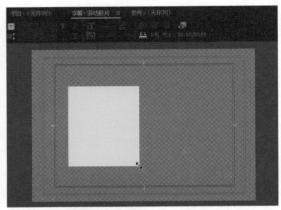

步骤 04 对矩形图形应用"描边"效果。在"旧版标题属性"面板中，❶单击"外描边"选项右侧的"添加"选项，激活"外描边"属性，❷单击"颜色"选项右侧的颜色块，如下图所示。

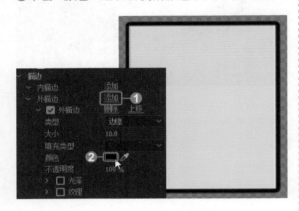

步骤 05 设置外描边的颜色。打开"拾色器"对话框，❶设置颜色值为 R238、G233、B177，❷单击"确定"按钮，完成设置，如下图所示。

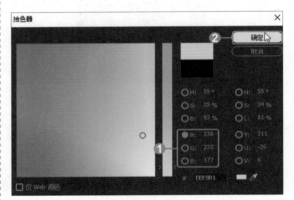

步骤 06 设置外描边的大小。在"旧版标题属性"面板中，设置"描边"选项组中的外描边"大小"值为 18，如下图所示。

步骤 07 应用"纹理"效果。在"旧版标题属性"面板中，❶勾选"填充"选项组中的"纹理"复选框，❷单击"纹理"下拉按钮，❸在展开的下拉列表中单击"纹理"选项右侧的填充块，如下图所示。

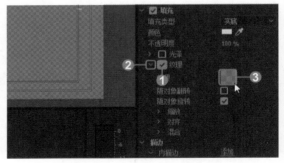

步骤 08 **选择纹理图像。** 打开"选择纹理图像"对话框，选择图像保存的位置，❶单击"冬靴01.jpg"素材，❷单击"打开"按钮，如下图所示。

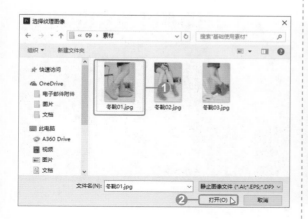

步骤 09 **查看矩形的纹理填充结果。** 返回"字幕"面板，查看矩形图形的纹理填充效果。单击矩形图形，并按快捷键 Ctrl+C，复制图形，如下图所示。

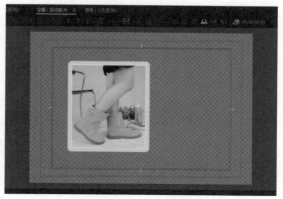

步骤 10 **粘贴并移动矩形图形。** 按快捷键 Ctrl+V，粘贴矩形图形，粘贴后的图形位于原图形的上方。选中粘贴的图形，将其向右拖动至合适位置，如下图所示。

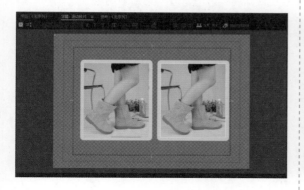

步骤 11 **设置粘贴图形的纹理填充图像。** 使用与步骤07、08 相同的方法，将粘贴图形的"纹理"填充设置为"冬靴 02.jpg"素材图像，如下图所示。

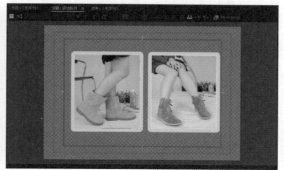

步骤 12 **再次复制、粘贴矩形图形。** 继续复制、粘贴原矩形图形，并将其拖动至合适位置，然后使用相同的方法，设置其"纹理"填充为"冬靴 03.jpg"素材图像，如下图所示。

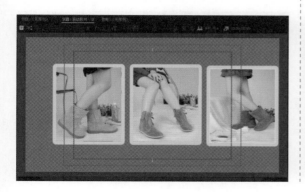

步骤 13 **绘制小矩形图形。** 接下来制作胶片边框。首先使用"矩形工具"在已绘矩形图形的上方绘制一个较小的矩形图形，并将其拖动至合适位置，如下图所示。

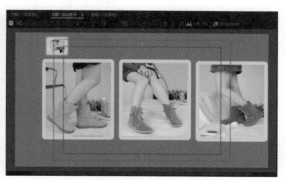

步骤 14 停用小矩形图形的"纹理"填充属性。选中小矩形图形，在"旧版标题属性"面板中，取消勾选"填充"选项组中的"纹理"复选框，如下图所示。

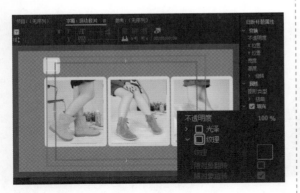

步骤 15 选择"选择工具"。接下来要复制多个小矩形图形，因此在"旧版标题工具"面板中单击"选择工具"按钮▶，如下图所示。

步骤 16 复制、粘贴一个小矩形图形。选中小矩形图形，按快捷键 Ctrl+C，复制图形，然后按快捷键 Ctrl+V，在原位置粘贴小矩形图形，将粘贴得到的图形向右拖动，如下图所示。

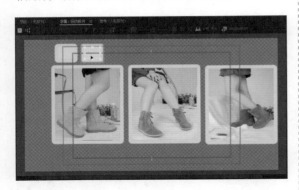

步骤 17 继续复制、粘贴多个小矩形图形。继续复制、粘贴多个小矩形图形，并将粘贴得到的图形依次向右拖动，得到并排的矩形图形，如下图所示。

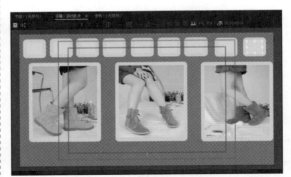

步骤 18 选中所有小矩形图形。在最左边的小矩形图形的左上方位置单击并向右下方拖动鼠标，直到选中所有的小矩形图形为止，如下图所示。

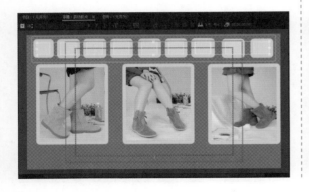

步骤 19 对齐所有的小矩形图形。❶单击工作区右侧的"旧版标题动作"标签，❷在展开的面板中单击"对齐"组中的"垂直居中"按钮，❸单击"分布"组中的"水平居中"按钮，对齐所有的小矩形图形，如下图所示。

步骤 20 复制、粘贴所有的小矩形图形。保持所有小矩形图形的全选状态不变，依次按快捷键 Ctrl+C 和 Ctrl+V，然后将复制、粘贴得到的图形拖动至纹理图形下方对齐，如下图所示。

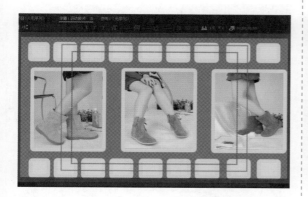

步骤 21 绘制背景矩形图形。至此，已编辑完成电子相册的胶片边框，接下来绘制胶片背景。重复步骤 02、03，使用"矩形工具"在"字幕"面板中绘制一个较大的矩形图形，如下图所示。

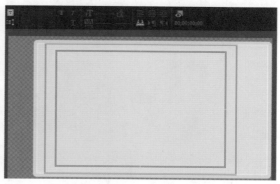

步骤 22 停用背景矩形图形的"外描边"属性。打开"旧版标题属性"面板，❶取消勾选"描边"选项组中的"外描边"复选框，❷单击"填充"选项组中"颜色"选项右侧的颜色块，如下图所示。

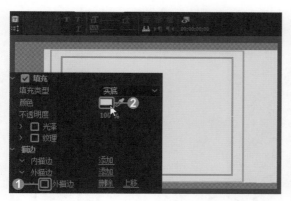

步骤 23 设置背景矩形图形的填充颜色。在打开的"拾色器"对话框中选择 RGB 颜色模式，❶设置颜色值为 R228、G218、B102，❷单击"确定"按钮，完成设置，如下图所示。

步骤 24 查看背景矩形图形的颜色设置效果。完成填充颜色的设置后，返回"字幕"面板，查看颜色设置效果，如下图所示。

步骤 25 将背景矩形图形置于最底层。右击矩形图形的任意位置，在弹出的快捷菜单中执行"排列 > 移到最后"命令，如下图所示。

步骤 26 改变背景矩形图形的宽度。将鼠标移至背景矩形图形左或右边缘的中心位置，当鼠标指针变为 ↔ 形状时，单击并拖动鼠标至合适位置，如下图所示。

步骤 27 改变背景矩形图形的高度。将鼠标移至背景矩形图形上或下边缘的中心位置，当鼠标指针变为 ↕ 形状时，单击并拖动鼠标至合适位置，如下图所示。

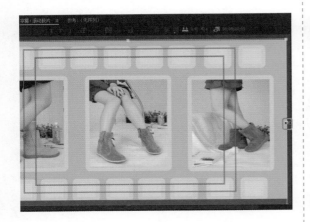

步骤 28 导入字幕至时间轴窗口。将项目窗口中的"滚动胶片"游动字幕拖动至时间轴窗口，如下图所示。

步骤 29 查看电子相册的电影胶片效果。❶单击"节目"标签，打开节目监视器，❷单击"播放 - 停止切换"按钮，播放视频，当视频播放至"00:00:02:04"位置时，电影胶片效果如下图所示。

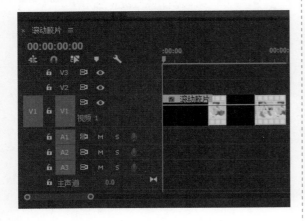

步骤 30 继续查看电子相册的电影胶片效果。继续播放视频，当视频播放至"00:00:04:22"位置时，电影胶片效果如右图所示。

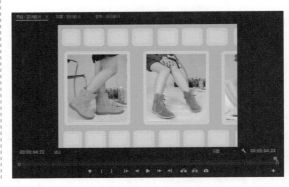

实例76——动感字幕效果

现在很多商品视频都会通过调整同一视频中不同字幕的持续时间、大小、颜色等属性，制作出动感的字幕效果，从而吸引买家的目光。本实例将讲解如何在纯色背景下制作动感字幕效果。

原始文件	随书资源 \09\ 素材 \07.prproj
最终文件	随书资源 \09\ 源文件 \ 动感字幕效果 .prproj

步骤 01 在"字幕"面板中打开"字幕 01"素材。打开项目文件 07.prproj，双击项目窗口中的"字幕 01"素材，使其在"字幕"面板中打开，如下图所示。

步骤 02 设置"字幕 01"的字体大小。在"字幕"面板中设置"字幕 01"的"字体大小"值为 200，并按住 Ctrl 键不放，将其拖动至面板中间位置，如下图所示。

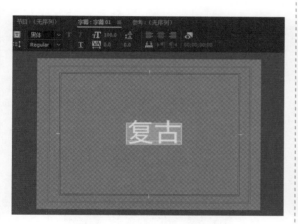

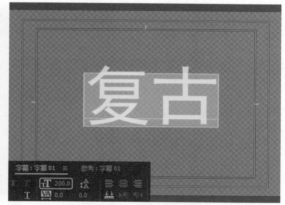

步骤 03 设置"字幕 03"的字体大小。双击项目窗口中的"字幕 03"素材，并在"字幕"面板中设置"字体大小"值为 150，如下图所示。

步骤 04 设置"字幕 04"的字体大小。双击项目窗口中的"字幕 04"素材，并在"字幕"面板中设置"字体大小"值为 70，如下图所示。

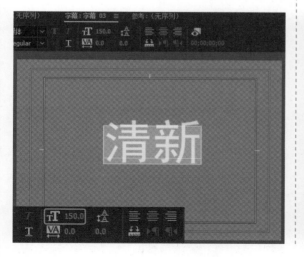

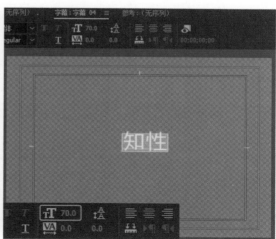

步骤 05 设置"字幕 05"的字体大小。双击项目窗口中的"字幕 05"素材，并在"字幕"面板中设置"字体大小"值为 160，如下图所示。

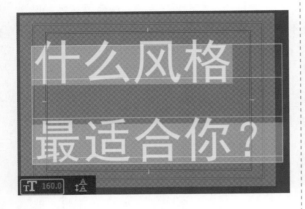

步骤 07 执行"速度 / 持续时间"命令。右击"字幕 01"素材，在弹出的快捷菜单中执行"速度 / 持续时间"命令，如下图所示。

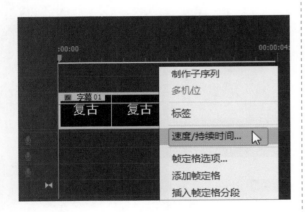

步骤 09 继续设置字幕的持续时间。依次将项目窗口中的字幕 02、03、04、05 导入至时间轴 V1 轨道上，❶使用与步骤 07、08 相同的方法，将所有字幕的持续时间均设置为"00:00:00:05"，❷保证相邻素材之间首尾衔接，如下图所示。

步骤 06 拖动"字幕 01"素材至时间轴窗口。将项目窗口中的"字幕 01"素材拖动至时间轴窗口中，并放大显示素材，如下图所示。

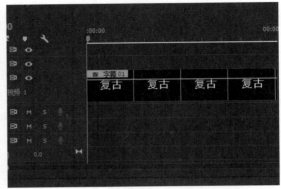

步骤 08 设置素材的持续时间。在打开的"剪辑速度 / 持续时间"对话框中，❶设置"持续时间"值为"00:00:00:05"，❷单击"确定"按钮，如下图所示。

步骤 10 设置"字幕 06"素材的持续时间。❶将项目窗口中的"字幕 06"素材导入至时间轴窗口中"字幕 05"素材的末尾位置，❷使用与步骤 07、08 相同的方法，将其"持续时间"值设置为"00:00:01:00"，如下图所示。

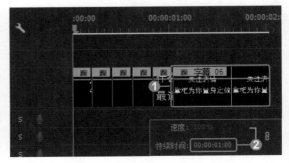

步骤 11 **查看字幕设置效果。**单击节目监视器窗口中的"播放 - 停止切换"按钮▶，播放视频，查看动感字幕效果，当视频播放至"00:00:00:23"位置时，效果如下图所示。

步骤 12 **继续查看字幕设置效果。**继续在节目监视器窗口中播放视频，查看动感字幕效果，当视频播放至"00:00:01:02"位置时，效果如下图所示。

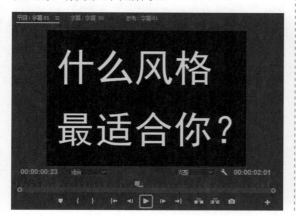

实例77——视频暗角效果

对 CD、老旧书籍等怀旧类商品的视频进行编辑时，可以通过添加暗角效果来突出画面主题。本实例将使用"黑场视频"和不透明度，制作视频暗角效果。

原始文件	随书资源 \09\ 素材 \08.prproj
最终文件	随书资源 \09\ 源文件 \ 视频暗角效果 .prproj

步骤 01 **导入素材至时间轴窗口。**打开项目文件 08.prproj，将项目窗口中的"影像图书 .jpg"拖动至时间轴 V1 轨道上，并放大显示素材，如下图所示。

步骤 02 **执行菜单命令新建黑场视频。**执行"文件 > 新建 > 黑场视频"菜单命令，如下图所示。

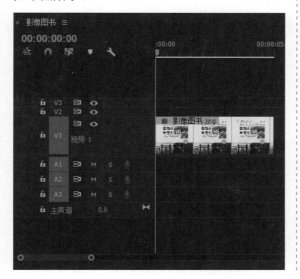

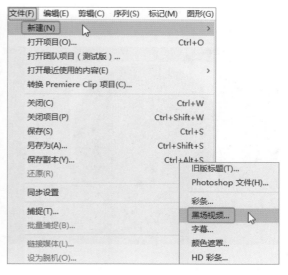

步骤 03 确认新建黑场视频。在打开的对话框中单击"确定"按钮，新建黑场视频，如下图所示。

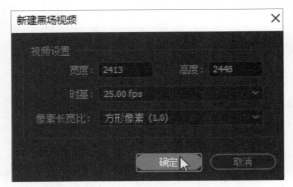

步骤 05 导入黑场视频至时间轴窗口。将项目窗口中的"黑场视频"素材拖动至时间轴 V2 轨道上，并单击选中该素材，如下图所示。

步骤 07 调整"蒙版（1）"图形。在节目监视器窗口中调整"蒙版（1）"图形的大小与位置，如下图所示。

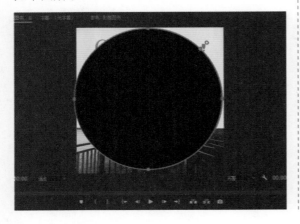

步骤 04 查看新建黑场视频的结果。新建黑场视频后，系统自动将其作为素材导入项目窗口，如下图所示。

步骤 06 创建"黑场视频"素材的不透明度蒙版。在"效果控件"面板的"不透明度"选项组下，单击"创建椭圆形蒙版"按钮，此时会显示"蒙版（1）"选项组，如下图所示。

步骤 08 勾选"已反转"复选框。在"效果控件"面板中，勾选"蒙版（1）"选项组中的"已反转"复选框，如下图所示。

步骤 09 **查看反转效果。**在节目监视器窗口中查看蒙版反转效果，如下图所示。

步骤 10 **设置蒙版不透明度参数。**在"效果控件"面板中，❶设置"蒙版（1）"选项组中的"蒙版羽化"值为 700，❷设置"蒙版不透明度"值为 80%，❸设置"不透明度"值为 95%，如下图所示。

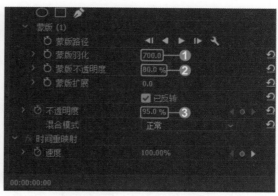

步骤 11 **设置不透明度的"混合模式"参数。**❶单击"不透明度"选项组中的"混合模式"下拉按钮，❷在展开的下拉列表中单击"变暗"选项，如下图所示。

步骤 12 **查看视频暗角效果。**完成各项参数的设置后，打开节目监视器窗口，在窗口中可以看到添加暗角后的画面效果，如下图所示。

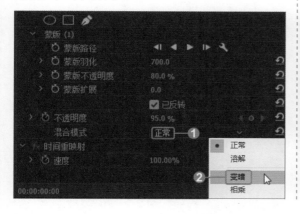

实例78——倒计时效果

　　当需要在网店视频中添加倒计时片头效果时，可使用 Premiere Pro 自带的倒计时工具。在默认设置下，该效果的图像主要由黑、白、灰 3 色组成，用户可根据商品的整体颜色调整倒计时效果的相关颜色，以创建更丰富、更和谐的画面效果。本实例将详细讲解如何在 Premiere Pro 中制作视频倒计时效果。

	原始文件	随书资源 \09\ 素材 \09.prproj
	最终文件	随书资源 \09\ 源文件 \ 倒计时效果 .prproj

步骤 01 设置倒计时片头的宽度和高度。打开项目文件 09.prproj，执行"文件 > 新建 > 通用倒计时片头"菜单命令，打开"新建通用倒计时片头"对话框，❶设置"宽度"值为 800，❷设置"高度"值为 800，❸单击"确定"按钮，如下图所示。

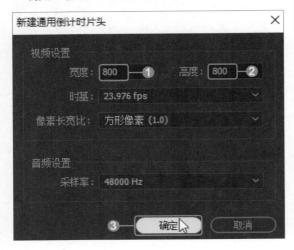

步骤 02 设置倒计时效果选项。打开"通用倒计时设置"对话框，❶分别设置"擦除颜色"和"背景色"为 R11、G108、B114 和 R204、G208、B132，❷勾选"在每秒都响提示音"复选框，❸单击"确定"按钮，完成设置，如下图所示。

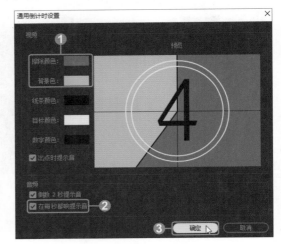

步骤 03 导入"通用倒计时片头"至时间轴窗口。将项目窗口中自动生成的"通用倒计时片头"素材拖动至时间轴窗口，如下图所示。

步骤 04 查看通用倒计时片头效果。单击节目监视器窗口中的"播放 - 停止切换"按钮 ▶，播放视频，查看通用倒计时片头效果，当视频播放至"00:00:00:18"位置时，效果如下图所示。

步骤 05 继续查看通用倒计时片头效果。继续播放视频，查看通用倒计时片头效果，当视频播放至"00:00:05:11"位置时，效果如右图所示。

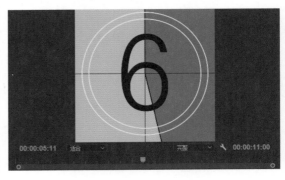

第 **10** 章
主图视频制作

制作网店的商品主图视频时，需要根据电商平台的相关要求，设置视频的像素和比例，同时还需根据商品的不同性质制作不同的视频效果。本章将综合使用 Premiere Pro 的相关编辑工具，制作不同商品的主图视频。

实例79——台灯主图视频制作

对于网店中的台灯商品来说，买家关注较多的问题有台灯外形、可移动性、照明效果等，在制作主图视频时就可以从这几个方面进行展示。本实例将应用"简单文本"效果、"划出"过渡等对视频进行特效编辑，制作台灯主图视频。

原始文件	随书资源 \10\ 素材 \ 台灯 \ 台灯 1.jpg ～台灯 4.jpg、台灯 .mp4、台灯背景音乐 .mp4
最终文件	随书资源 \10\ 源文件 \ 台灯主图视频制作 .prproj

步骤 01 新建项目并导入素材。执行"文件 > 新建 > 项目"菜单命令，❶新建一个名为"台灯主图视频制作"的项目文件，❷将本实例的所有素材都导入项目窗口，如下图所示。

步骤 02 新建序列。按快捷键 Ctrl+N，在打开的"新建序列"对话框中单击"设置"标签，❶在打开的"设置"选项卡中设置"帧大小"的"水平"值为 800，❷设置"垂直"值为 800，❸设置"序列名称"为"台灯"，如下图所示。设置完成后，单击"确定"按钮。

步骤 03 导入"台灯 1.jpg"素材至时间轴窗口。将项目窗口中的"台灯 1.jpg"素材拖动至"台灯"序列的时间轴 V1 轨道上，并放大显示素材，如右图所示。

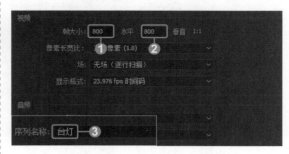

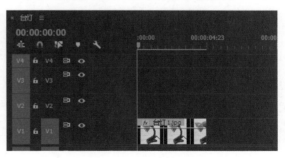

步骤 04 查看"台灯 1.jpg"素材的图像效果。此时节目监视器窗口中显示了"台灯 1.jpg"素材图像，但图像未显示完全，如下图所示。

步骤 05 添加"台灯 1.jpg"素材的第一个关键帧。选中"台灯 1.jpg"素材，打开"效果控件"面板，❶设置"缩放"值为 16.5，❷单击"位置"选项左侧的"切换动画"按钮 ⓞ，添加关键帧，❸设置"位置"值为 491、350，如下图所示。

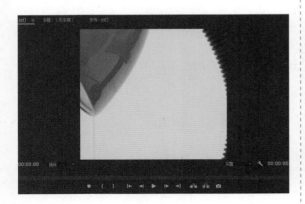

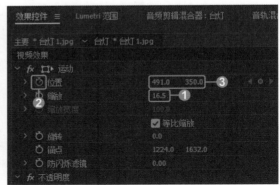

步骤 06 添加"台灯 1.jpg"素材的第二个关键帧。将播放指示器定位于视频"00:00:04:23"位置，在"效果控件"面板中，❶单击"位置"选项右侧的"添加 / 移除关键帧"按钮 ⓞ，添加关键帧，❷设置"位置"值为 962、350，如下图所示。

步骤 07 导入"台灯 2.jpg"素材至时间轴 V2轨道。将项目窗口中的"台灯 2.jpg"素材拖动至时间轴 V2 轨道上，并放大显示素材。如下图所示，❶将播放指示器定位于视频开始位置，❷单击"台灯 2.jpg"素材，打开"效果控件"面板，展开"视频效果"选项组。

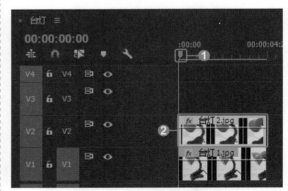

步骤 08 添加"台灯 2.jpg"素材的第一个关键帧。在"效果控件"面板中，❶设置"缩放"值为 16.5，❷单击"位置"选项左侧的"切换动画"按钮 ⓞ，添加关键帧，❸设置"位置"值为 88、350，如下图所示。

步骤 09 添加"台灯 2.jpg"素材的第二个关键帧。将播放指示器定位于视频"00:00:04:23"位置，在"效果控件"面板中，❶单击"位置"选项右侧的"添加 / 移除关键帧"按钮 ⓞ，添加关键帧，❷设置"位置"值为 559、350，如下图所示。

步骤 10 导入"台灯 3.jpg"素材至时间轴 V3 轨道。将项目窗口中的"台灯 3.jpg"素材拖动至时间轴 V3 轨道上,并放大显示素材。如下图所示,❶将播放指示器定位于视频开始位置,❷单击"台灯 3.jpg"素材,打开"效果控件"面板,展开"视频效果"选项组。

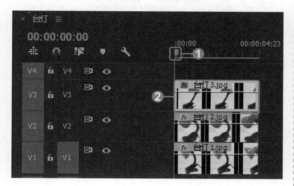

步骤 12 添加"台灯 3.jpg"素材的第二个关键帧。将播放指示器定位于视频"00:00:04:23"位置,在"效果控件"面板中,❶单击"位置"选项右侧的"添加/移除关键帧"按钮◎,添加关键帧,❷设置"位置"值为 161、350,如下图所示。

步骤 14 执行"文件 > 新建 > 透明视频"菜单命令。接下来需要在视频中添加固定的文字视频效果,因此需要一个既固定又不会遮住下层图像的透明图层。如下图所示,执行"文件 > 新建 > 透明视频"菜单命令。

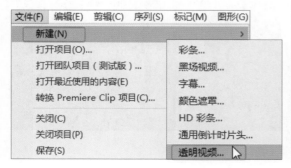

步骤 11 添加"台灯 3.jpg"素材的第一个关键帧。在"效果控件"面板中,❶设置"缩放"值为 16.5,❷单击"位置"选项左侧的"切换动画"按钮◎,添加关键帧,❸设置"位置"值为 -310、350,如下图所示。

步骤 13 新增视频轨道。此时,原有的 3 条视频轨道已经用完,需要增加一条轨道,供后续编辑使用。右击任一视频轨道左侧的空白位置,在弹出的快捷菜单中执行"添加单个轨道"命令,如下图所示,新增 V4 轨道。

步骤 15 确认新建"透明视频"。执行命令后,在打开的"新建透明视频"对话框中单击"确定"按钮,如下图所示。此时,项目窗口中会自动生成"透明视频"素材。

步骤16 导入"透明视频"素材至时间轴窗口。将项目窗口中的"透明视频"素材拖动至时间轴 V4 轨道上，并将其持续时间缩短至"00:00:02:21"，如下图所示。

步骤17 单击"简单文本"效果。在"效果"面板中，❶单击"视频效果"选项组中的"视频"下拉按钮，❷在展开的下拉列表中单击"简单文本"效果，如下图所示。

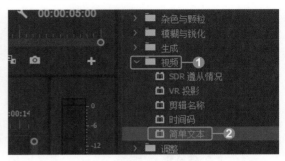

步骤18 应用"简单文本"效果。将"简单文本"效果拖动至时间轴窗口中的"透明视频"素材上方，当鼠标指针变为形状时，如下图所示，释放鼠标，应用"简单文本"效果。

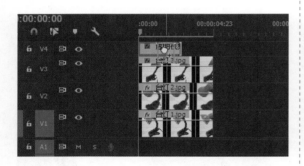

步骤19 设置"简单文本"效果的位置和大小。此时"透明视频"素材的"视频效果"选项组自动在"效果控件"面板中展开，❶设置"简单文本"选项组中的"位置"值为350、573，❷设置"大小"值为13%，❸单击"编辑文本"按钮，如下图所示。

步骤20 设置"简单文本"效果的文本内容。单击"编辑文本"按钮后，在打开的文本输入对话框中，❶输入文本内容为"红色台灯 时尚小巧"，❷单击"确定"按钮，完成文本内容的设置，如右图所示。

步骤21 再次导入"透明视频"素材至时间轴窗口。将项目窗口中的"透明视频"素材再次拖动至时间轴 V4 轨道上，并将鼠标移至素材右侧边缘位置，当鼠标指针变为形状时，单击并向左拖动鼠标。当出现一条黑色竖线时，如右图所示，释放鼠标。

步骤22 再次应用"简单文本"效果。在"效果"面板中，单击并拖动"简单文本"效果至时间轴 V4 轨道中第二个"透明视频"素材的上方，当鼠标指针变为 形状时，释放鼠标，再次应用"简单文本"效果，如下图所示。

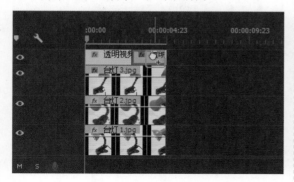

步骤23 设置第二个"简单文本"效果的参数与文本内容。重复步骤 19、20，在"效果控件"面板中为第二个"简单文本"效果设置相同的位置和大小参数，并设置文本内容为"随意弯曲 柔韧性强"，如下图所示。

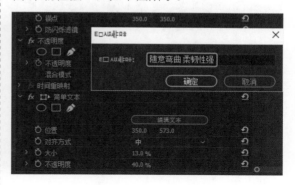

步骤24 单击"划出"过渡。在"效果"面板中，❶单击"视频过渡"选项组中的"擦除"下拉按钮，❷在展开的下拉列表中单击"划出"过渡，如下图所示。

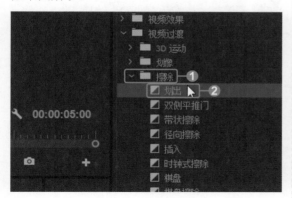

步骤25 应用"划出"过渡。将"划出"过渡拖动至时间轴 V4 轨道上两个素材之间的位置，应用"划出"过渡，如下图所示。此时，时间轴窗口中会显示过渡图示。

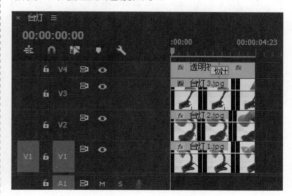

步骤26 查看"划出"过渡效果。在节目监视器窗口中单击"播放 - 停止切换"按钮▶，播放视频，当视频播放至"00:00:03:00"位置时，"划出"过渡效果如下图所示。

步骤27 导入视频素材至时间轴窗口。将项目窗口中的"台灯 .mp4"素材导入至时间轴 V1 轨道上，使其与"台灯 1.jpg"素材首尾衔接，如下图所示。

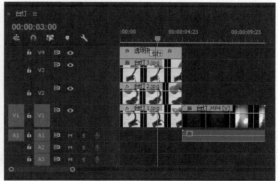

步骤 28 删除素材的音频部分。按照实例 62 介绍的方法,取消"台灯 .mp4"素材的视频部分和音频部分的链接,再删除音频部分。此时,A1 轨道上已无文件,如下图所示。

步骤 29 设置"台灯 .mp4"素材的"缩放"和"旋转"参数。选中"台灯 .mp4"素材,在"效果控件"面板中,❶设置"缩放"值为 97,❷设置"旋转"值为 -90°,如下图所示。

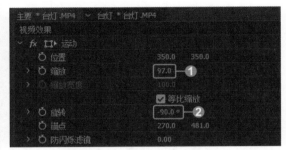

步骤 30 查看设置效果。将播放指示器定位于"台灯 .mp4"素材的任意位置,节目监视器窗口中会显示其设置效果,如下图所示。

步骤 31 使用"剃刀工具"切割视频。❶单击工具面板中的"剃刀工具"按钮,❷使用"剃刀工具"在"00:00:06:07"和"00:00:10:06"位置将视频切割为 3 段,如下图所示。

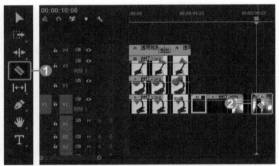

步骤 32 选中需要删除的视频素材片段。❶单击工具面板中的"选择工具"按钮,❷然后按住 Shift 键不放,依次单击切割后的第一段和第三段视频素材,如下图所示。

步骤 33 删除所选的视频片段。右击所选素材的任意位置,在弹出的快捷菜单中执行"波纹删除"命令,即可删除所选素材,如下图所示。剩余素材会自动与"台灯 1.jpg"素材衔接。

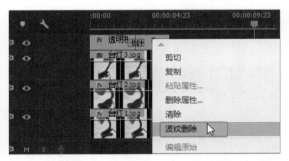

步骤 34 导入"透明视频"素材至时间轴窗口。将项目窗口中的"透明视频"素材拖动至时间轴 V4 轨道上,使其在时间轴上的持续时间与"台灯 .mp4"素材的持续时间一致,如下左图所示。

步骤 35 应用"简单文本"效果。在"效果"面板中,单击并拖动"简单文本"效果至时间轴 V4 轨道中第三个"透明视频"素材的上方,当鼠标指针变为 形状时,释放鼠标,应用"简单文本"效果,如下右图所示。

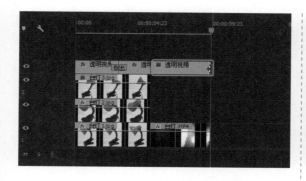

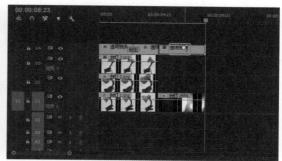

步骤 36 设置第三个"简单文本"效果的参数和文本内容。在"效果控件"面板中设置第三个"简单文本"效果的位置与大小参数，使之与步骤 19 中第一个"简单文本"效果的参数相同，并设置第三个"简单文本"效果的文本内容为"柔光不伤眼"，如右图所示。

步骤 37 应用"划出"过渡。在"效果"面板中单击"划出"过渡，将其拖动至时间轴 V4 轨道上第二个和第三个"透明视频"素材的中间位置，如下图所示。

步骤 38 导入音频素材至时间轴窗口。将项目窗口中的"台灯背景音乐 .mp4"素材拖动至 A1 轨道上，并调整其持续时间与视频轨道上素材的持续时间一致，如下图所示。

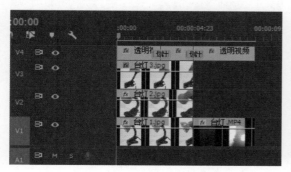

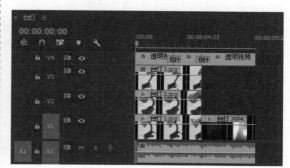

步骤 39 查看视频整体效果。在节目监视器窗口中单击"播放 - 停止切换"按钮▶，播放视频，当视频播放至"00:00:01:22"位置时，图像效果如下图所示。

步骤 40 继续查看视频整体效果。继续播放视频，当视频播放至"00:00:08:04"位置时，图像效果如下图所示。

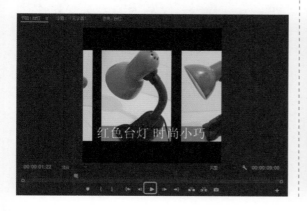

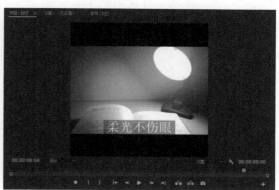

实例80——毛呢大衣主图视频制作

　　网店中漂亮的毛呢大衣数不胜数，衣服外形的展示效果直接影响着买家的购买欲，因此，在制作其主图视频时，一定要将视频素材中多余的、次要的内容删除，从而在最大程度上突出主体内容。本实例将应用"剃刀工具"删除毛呢大衣视频素材中的多余内容，并应用相关效果和过渡工具对视频进行编辑，制作主图视频以展示大衣外观。

原始文件	随书资源 \10\ 素材 \ 毛呢大衣 \ 毛呢大衣 1.mp4 ～毛呢大衣 3.mp4、配乐 .mp3
最终文件	随书资源 \10\ 源文件 \ 毛呢大衣主图视频制作 .prproj

步骤 01 新建项目并导入素材。执行"文件 > 新建 > 项目"菜单命令，❶新建一个名为"毛呢大衣主图视频制作"的项目文件，❷将本实例的所有素材都导入项目窗口，如下图所示。

步骤 02 新建序列。按快捷键 Ctrl+N，在打开的"新建序列"对话框中单击"设置"标签，打开"设置"选项卡，❶设置"帧大小"的"水平"值为 800，❷设置"垂直"值为 800，❸设置"序列名称"为"毛呢大衣"，如下图所示。设置完成后，单击"确定"按钮。

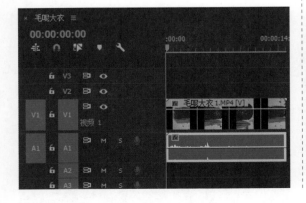

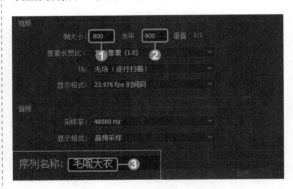

步骤 03 导入"毛呢大衣 1.mp4"素材至时间轴窗口。将项目窗口中的"毛呢大衣 1.mp4"素材拖动至"毛呢大衣"序列的时间轴 V1 轨道上，并放大显示素材，如下图所示。

步骤 04 删除素材的音频部分。按照实例 62 介绍的方法，取消"毛呢大衣 1.mp4"素材的视频部分和音频部分的链接，再删除音频部分。此时，A1 轨道上已无文件，如下图所示。

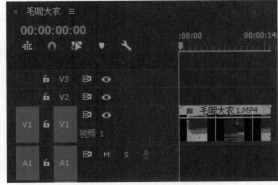

步骤 05 **查看原图像效果。** 在节目监视器窗口中可以看到，原视频素材为竖向视频，其图像在画面中显示不完全，如下图所示。因此接下来需要对素材的相关参数进行设置。

步骤 06 **设置素材的"旋转"参数。** 选中"毛呢大衣 1.mp4"素材，打开"效果控件"面板，在"运动"选项组中设置"旋转"值为 -90°，如下图所示。

步骤 07 **查看设置效果。** 在节目监视器窗口中查看素材设置效果，如下图所示。

步骤 08 **切割视频。** ❶单击工具面板中的"剃刀工具"按钮 ，❷使用"剃刀工具"在"00:00:08:00"和"00:00:14:11"位置将视频切割为 3 段，如下图所示。

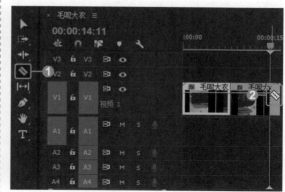

步骤 09 **选中需要删除的视频片段。** ❶单击工具面板中的"选择工具" ，❷按住 Shift 键不放，依次单击切割后的第一段和第三段视频素材，如下图所示。

步骤 10 **删除所选的视频片段。** 右击选中的视频素材，在弹出的快捷菜单中执行"波纹删除"命令，删除所选素材，如下图所示。

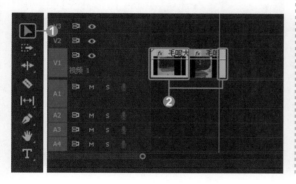

步骤 11 单击"亮度与对比度"效果。在"效果"面板中，❶单击"视频效果"选项组中的"颜色校正"下拉按钮，❷在展开的下拉列表中单击"亮度与对比度"效果，如下图所示。

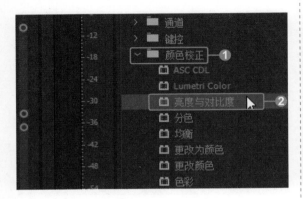

步骤 12 应用"亮度与对比度"效果。将"亮度与对比度"效果拖动至时间轴窗口中的素材上方，当鼠标指针变为 形状时，如下图所示，释放鼠标，应用效果。

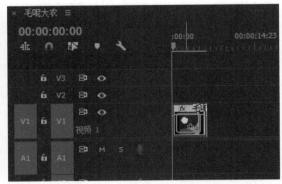

步骤 13 设置"亮度与对比度"参数。在"效果控件"面板中，❶设置"亮度与对比度"选项组中的"亮度"值为 25，❷设置"对比度"值为 22，如下图所示。

步骤 14 查看"亮度与对比度"效果。应用设置的"亮度与对比度"效果调整图像，在节目监视器窗口中可以看到调整后的图像明亮许多，如下图所示。

步骤 15 导入"毛呢大衣 2.mp4"素材至时间轴窗口。将项目窗口中的"毛呢大衣 2.mp4"素材拖动至时间轴 V1 轨道上，再将音频部分分离并删除，如下图所示。

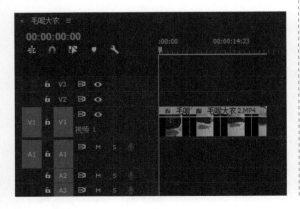

步骤 16 设置"毛呢大衣 2.mp4"素材的"旋转"参数。选中"毛呢大衣 2.mp4"素材，打开"效果控件"面板，在"运动"选项组中设置"旋转"值为 -90°，如下图所示。

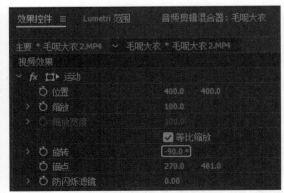

步骤 17 切割"毛呢大衣 2.mp4"素材。❶单击工具面板中的"剃刀工具"按钮，❷使用"剃刀工具"在"00:00:14:20"和"00:00:18:18"位置将视频切割为 3 段，如下图所示。

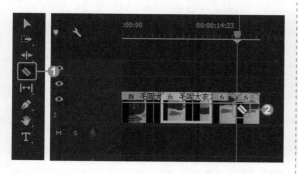

步骤 18 删除多余的视频片段。使用与步骤 09、10 相同的方法，删除"毛呢大衣 2.mp4"素材切割后的第一段和第三段视频片段，剩余的第二段素材将自动靠前，如下图所示。

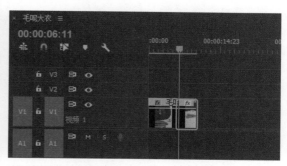

步骤 19 导入"毛呢大衣 3.mp4"素材至时间轴窗口。将项目窗口中的"毛呢大衣 3.mp4"素材拖动至时间轴 V1 轨道上，再将音频部分分离并删除，如下图所示。

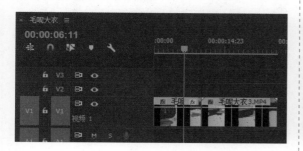

步骤 20 设置"毛呢大衣 3.mp4"素材的"旋转"参数。选中"毛呢大衣 3.mp4"素材，在"效果控件"面板的"运动"选项组中设置"旋转"值为 -90°，如下图所示。

步骤 21 切割"毛呢大衣 3.mp4"素材。使用与步骤 08 相同的方法，使用"剃刀工具"在"00:00:13:23"位置将"毛呢大衣 3.mp4"素材切割为两段，如下图所示。

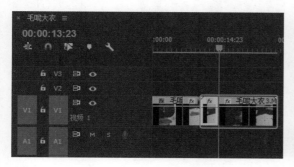

步骤 22 删除多余的视频片段。使用与步骤 09、10 相同的方法，删除切割后的第二段视频片段，剩余素材自动与前一段素材首尾衔接，如下图所示。

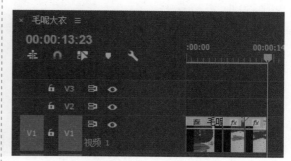

步骤 23 单击"翻转"过渡。在"效果"面板中，❶单击"视频过渡"选项组中的"3D 运动"下拉按钮，❷在展开的下拉列表中单击"翻转"过渡，如右图所示。

步骤 24 应用"翻转"过渡。将"翻转"过渡拖动至时间轴窗口中"毛呢大衣 1.mp4"与"毛呢大衣 2.mp4"素材的中间位置，当鼠标指针的右下方出现✛图形时，如右图所示，释放鼠标，应用"翻转"过渡。

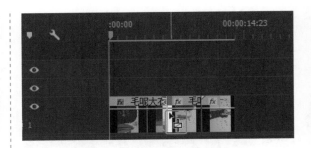

步骤 25 继续应用"翻转"过渡。重复步骤 23、24，对"毛呢大衣 3.mp4"素材的开始位置应用"翻转"过渡，在时间轴窗口中显示两个"翻转"过渡图示，如下图所示。

步骤 26 导入音频素材至时间轴窗口。将项目窗口中的"配乐 .mp3"素材拖动至时间轴 A1 轨道上，并调整其持续时间与 V1 轨道上素材的持续时间一致，如下图所示。

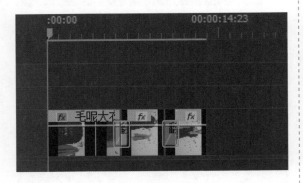

步骤 27 查看视频整体效果。在节目监视器窗口中单击"播放 - 停止切换"按钮▶，播放视频，当视频播放至"00:00:06:21"位置时，效果如下图所示。

步骤 28 继续查看视频整体效果。继续播放视频，当视频播放至"00:00:11:05"位置时，效果如下图所示。

实例81——圆框眼镜主图视频制作

利用图片素材制作商品主图视频，是网店商品主图视频编辑中的常见形式。本实例将使用展示圆框眼镜外观的商品图片作为素材，并应用不同视频过渡制作视频转场特效，制作出商品主图视频。

原始文件	随书资源 \10\ 素材 \ 圆框眼镜 \ 眼镜 1.jpg ～眼镜 7.jpg、背景音乐 .mp4
最终文件	随书资源 \10\ 源文件 \ 圆框眼镜主图视频制作 .prproj

步骤 01 **新建项目并导入素材。** 执行"文件 > 新建 > 项目"菜单命令，❶新建一个名为"圆框眼镜主图视频制作"的项目文件，❷将本实例的所有素材都导入项目窗口，如下图所示。

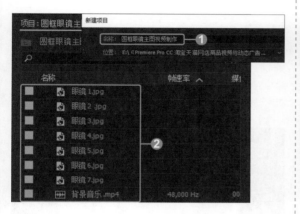

步骤 03 **导入部分素材至时间轴窗口。** 将项目窗口中的"眼镜 1.jpg""眼镜 2.jpg""眼镜 3.jpg"素材分别拖动至"圆框眼镜"序列的时间轴 V1、V2、V3 轨道上，并放大显示素材，如下图所示。

步骤 05 **继续改变素材的持续时间。** 使用与步骤 04 相同的方法，将时间轴窗口中的"眼镜 1.jpg"和"眼镜 2.jpg"素材的持续时间都改为"00:00:02:00"，如右图所示。

步骤 02 **新建序列。** 按快捷键 Ctrl+N，在打开的"新建序列"对话框中单击"设置"标签，打开"设置"选项卡，❶设置"帧大小"的"水平"值为 2440，❷设置"垂直"值为 2440，❸设置"序列名称"为"圆框眼镜"，如下图所示。设置完成后，单击"确定"按钮。

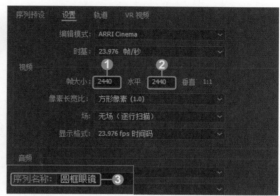

步骤 04 **改变"眼镜 3.jpg"素材在时间轴窗口中的持续时间。** 将鼠标移至"眼镜 3.jpg"素材右侧边缘位置，当鼠标指针变为 ◀ 形状时，单击并向左拖动鼠标，当素材右下方显示"持续时间"值为"00:00:02:00"时，如下图所示，释放鼠标。

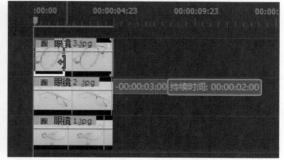

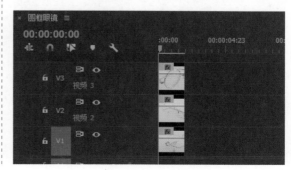

步骤 06 在节目监视器窗口中改变"眼镜 3.jpg"素材的大小。❶双击节目监视器窗口中的图像，显示蓝色变换编辑框，❷将鼠标移至编辑框的右下角位置，当鼠标指针变为 ↘ 形状时，单击并向内侧拖动鼠标，等比例缩小编辑框，如右图所示。此时，下层中的"眼镜 2.jpg"素材图像显示在画面中。

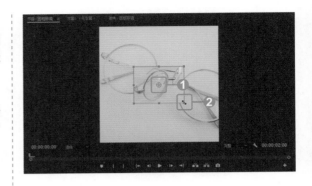

步骤 07 移动"眼镜 3.jpg"素材的位置。单击并拖动节目监视器窗口中的"眼镜 3.jpg"素材，将其放在合适的位置，如下图所示。

步骤 08 改变"眼镜 2.jpg"素材的大小和位置。使用与步骤 06、07 相同的方法，将节目监视器窗口中的"眼镜 2.jpg"素材缩放至合适大小，并将其拖动至"眼镜 1.jpg"素材的左下方位置，如下图所示。

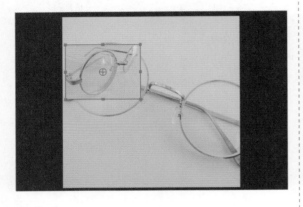

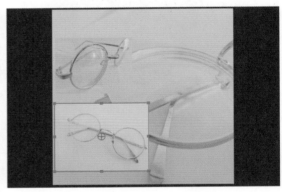

步骤 09 改变"眼镜 1.jpg"素材的大小和位置。继续使用与步骤 06、07 相同的方法，缩放节目监视器窗口中的"眼镜 1.jpg"素材，并将其移动至如下图所示的位置，此时 3 个素材组成了一幅拼图。

步骤 10 继续导入剩余素材至时间轴窗口。❶将项目窗口中的"眼镜 4.jpg"至"眼镜 7.jpg"素材拖动至时间轴 V1 轨道上，❷然后将所有素材的持续时间均设置为"00:00:02:00"，如下图所示。

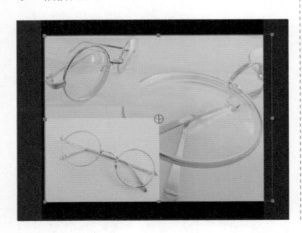

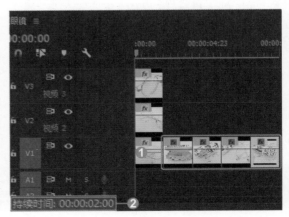

步骤 11 设置"眼镜 4.jpg"至"眼镜 7.jpg"素材的"缩放"参数。选中时间轴窗口中的"眼镜 4.jpg"素材,打开"效果控件"面板,设置素材的"缩放"值为 80,如下图所示。使用相同的方法,将"眼镜 5.jpg"至"眼镜 7.jpg"素材的"缩放"值也设置为 80。

步骤 12 查看素材缩放效果。此时节目监视器窗口中显示了设置效果。下图所示为"眼镜 4.jpg"素材的图像效果。至此,已完成视频图像的基本设置,接下来要为视频素材添加转场过渡效果。

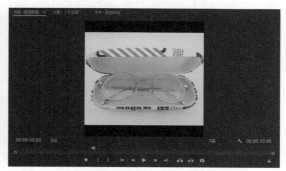

步骤 13 设置"眼镜 4.jpg"素材淡入画面时的不透明度。将播放指示器定位于视频"00:00:02:00"位置,选中"眼镜 4.jpg"素材,打开"效果控件"面板,❶单击"不透明度"选项右侧的"添加 / 移除关键帧"按钮 ,添加关键帧,❷设置"不透明度"值为 50%,如下图所示。

步骤 14 设置"眼镜 4.jpg"素材完全进入画面时的不透明度。将播放指示器定位于视频"00:00:02:15"位置,❶单击"不透明度"选项右侧的"添加 / 移除关键帧"按钮 ,添加关键帧,❷设置"不透明度"值为 100%,制作"眼镜 4.jpg"素材的淡入效果,如下图所示。

步骤 15 单击"盒形划像"过渡。在"效果"面板中,❶单击"视频过渡"选项组中的"划像"下拉按钮,❷在展开的下拉列表中单击"盒形划像"过渡,如下图所示。

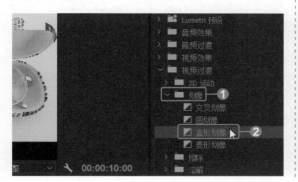

步骤 16 应用"盒形划像"过渡。将"盒形划像"过渡拖动至时间轴窗口中"眼镜 4.jpg"和"眼镜 5.jpg"素材的中间位置,应用"盒形划像"过渡,如下图所示。

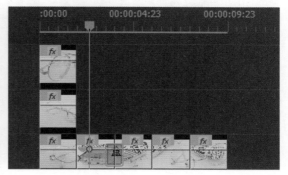

步骤 17 改变"盒形划像"过渡的持续时间。❶双击过渡图示，打开"设置过渡持续时间"对话框，❷设置"持续时间"值为"00:00:00:18"，❸单击"确定"按钮，完成设置，如下图所示。

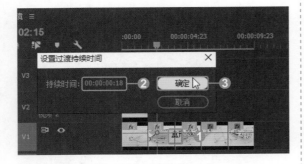

步骤 18 单击"菱形划像"过渡。在"效果"面板中，❶单击"视频过渡"选项组中的"划像"下拉按钮，❷在展开的下拉列表中单击"菱形划像"过渡，如下图所示。

步骤 19 应用"菱形划像"过渡。将"菱形划像"过渡拖动至时间轴窗口中"眼镜 5.jpg"和"眼镜 6.jpg"素材的中间位置，应用"菱形划像"过渡，如下图所示。

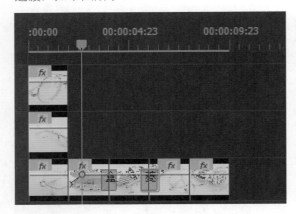

步骤 20 改变"菱形划像"过渡的持续时间。❶双击过渡图示，打开"设置过渡持续时间"对话框，❷设置"持续时间"值为"00:00:00:20"，❸单击"确定"按钮，完成设置，如下图所示。

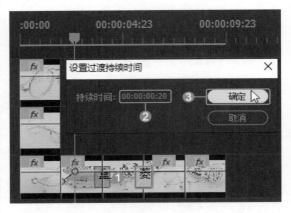

步骤 21 单击"划出"过渡。在"效果"面板中，❶单击"视频过渡"选项组中的"擦除"下拉按钮，❷在展开的下拉列表中单击"划出"过渡，如下图所示。

步骤 22 应用"划出"过渡。将"划出"过渡拖动至时间轴窗口中"眼镜 6.jpg"和"眼镜 7.jpg"素材的中间位置，应用"划出"过渡，如下图所示。

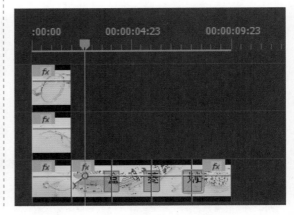

步骤 23 改变"划出"过渡的持续时间。❶双击"划出"过渡图示,打开"设置过渡持续时间"对话框,❷设置"划出"过渡的"持续时间"值为"00:00:00:23",❸单击"确定"按钮,完成设置,如下图所示。

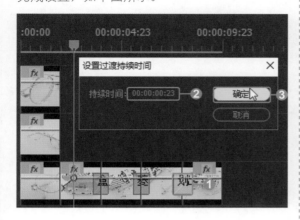

步骤 24 查看"眼镜 4.jpg"素材淡入画面的效果。在节目监视器窗口中单击"播放 - 停止切换"按钮 ▶,播放视频,当视频播放至"00:00:02:07"位置时,画面呈现淡入的效果,如下图所示。

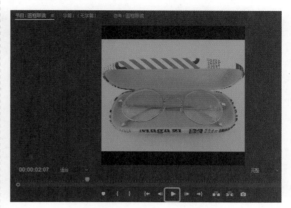

步骤 25 查看"盒形划像"过渡效果。继续播放视频,当视频播放至"00:00:04:02"位置时,效果如下图所示。

步骤 26 查看"划出"过渡效果。在节目监视器窗口中继续播放视频,当视频播放至"00:00:07:21"位置时,效果如下图所示。

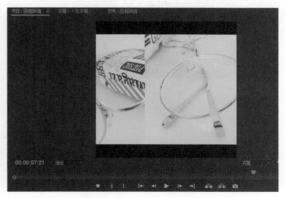

步骤 27 导入音频素材。将项目窗口中的"背景音乐 .mp4"导入至时间轴 A1 轨道上,如下图所示。

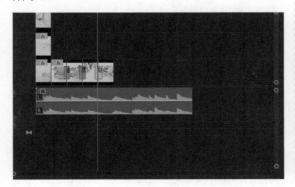

步骤 28 切割多余的音频素材。使用"剃刀工具"切割并删除多余的音频素材,完成本实例的制作,如下图所示。

实例82——手机壳主图视频制作

在制作商品主图视频时，适当调整视频中图像的颜色，可使视频画面更加美观，达到激起买家购买欲的目的。本实例将为某品牌手机壳制作一个主图视频，在编辑过程中，先使用"视频效果"中的调整功能调整手机壳视频中图像的颜色，使图像颜色更加浓郁、鲜明，然后在素材片尾位置应用模糊效果，对画面进行模糊处理，减少视频结束时的突兀感。

原始文件	随书资源 \10\ 素材 \ 手机壳 \ 手机壳 .mp4、视频配乐 .mp4
最终文件	随书资源 \10\ 源文件 \ 手机壳主图视频制作 .prproj

步骤 01 新建项目并导入素材。执行"文件 > 新建 > 项目"菜单命令，❶新建一个名为"手机壳主图视频制作"的项目文件，❷将"手机壳 .mp4"和"视频配乐 .mp4"素材导入项目窗口，如下图所示。

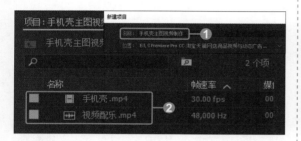

步骤 03 查看原视频图像效果。在节目监视器窗口中查看原视频图像效果，可以看到素材为竖向视频，且视频画面中有视频拍摄应用程序留下的水印，如下图所示。

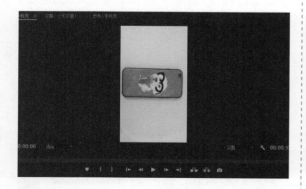

步骤 02 导入素材至时间轴窗口。将项目窗口中的"手机壳 .mp4"素材拖动至时间轴窗口中，自动创建序列，然后放大显示素材，如下图所示。

步骤 04 设置序列"帧大小"。❶执行"序列 > 序列设置"菜单命令，❷在打开的对话框中，设置"帧大小"的"水平"值为 800，❸设置"垂直"值为 800，如下图所示。设置完成后，单击"确定"按钮。

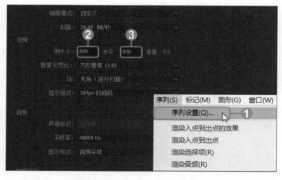

步骤 05 确认序列设置。此时弹出"删除此序列的所有预览"警告对话框，在该对话框中单击"确定"按钮，如右图所示，确认序列设置，返回工作区。

步骤06 设置素材的"旋转"参数。选中"手机壳.mp4"素材,打开"效果控件"面板,在"运动"选项组中设置"旋转"值为-90°,如下图所示。

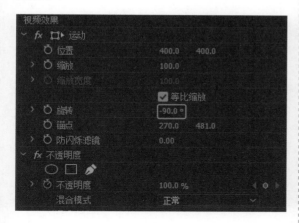

步骤07 查看设置结果。在节目监视器窗口中查看设置序列和"旋转"参数后的图像效果,如下图所示。

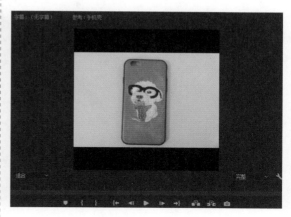

步骤08 单击2 Strip预设效果。在"效果"面板中,❶单击"Lumetri预设"选项组中的"影片"下拉按钮,❷在展开的下拉列表中单击2 Strip预设效果,如下图所示。

步骤09 应用2 Strip预设效果。将2 Strip预设效果拖动至时间轴窗口中的"手机壳.mp4"素材上方,当鼠标指针变为形状时,释放鼠标,应用2 Strip预设效果,如下图所示。

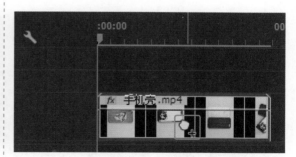

步骤10 展开"曲线"选项组。此时在"效果控件"面板中显示Lumetri Color(2 Strip)选项组,单击"曲线"选项左侧的箭头,展开"曲线"选项组,如下图所示。

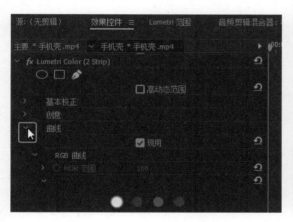

步骤11 调整白色曲线。在下方的"RGB曲线"选项组中,单击白色曲线的中间靠上位置,添加一个曲线控制点,并将该点向下方拖动,调整颜色范围,如下图所示。

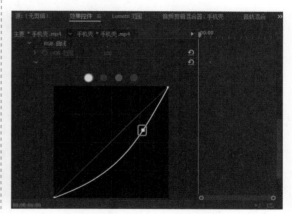

步骤 12 调整红色曲线。在"RGB 曲线"选项组中，❶选中"红色"单选按钮，此时曲线框中显示红色曲线，❷在红色曲线的中间靠上位置单击并向上方拖动，更改曲线形状，调整颜色范围，如下图所示。

步骤 13 调整绿色曲线。在"RGB 曲线"选项组中，❶选中"绿色"单选按钮，此时曲线框中显示绿色曲线，❷在绿色曲线的中间靠上位置单击并向上方拖动，调整颜色范围，如下图所示。

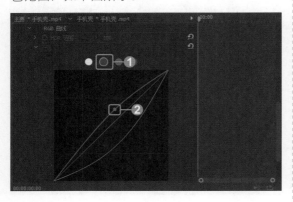

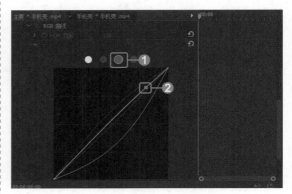

步骤 14 调整蓝色曲线。在"RGB 曲线"选项组中，❶选中"蓝色"单选按钮，此时曲线框中显示蓝色曲线，❷在蓝色曲线的中间靠上位置单击并向下方拖动，调整颜色范围，如下图所示。

步骤 15 查看颜色曲线的调整效果。设置曲线形状后，在节目监视器窗口中查看应用颜色曲线调整后的图像，此时图像颜色比原始图像的颜色更鲜艳，如下图所示。

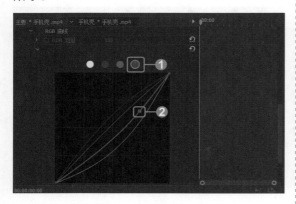

步骤 16 设置"晕影"参数。在"效果控件"面板中，❶单击"曲线"选项组中"晕影"选项左侧的箭头，展开"晕影"选项组，❷设置"数量"值为 5，❸设置"圆度"值为 -30，❹设置"羽化"值为 30，如下图所示。

步骤 17 单击"快速模糊出点"效果。在"效果"面板中，❶单击"预设"选项组中的"模糊"下拉按钮，❷在展开的下拉列表中单击"快速模糊出点"效果，如下图所示。

步骤18 应用"快速模糊出点"效果。将"快速模糊出点"效果拖动至时间轴窗口中的"手机壳.mp4"素材上方，当鼠标指针变为 ⊙+ 形状时，释放鼠标，应用"快速模糊出点"效果，如下图所示。

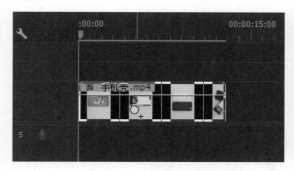

步骤19 改变出点模糊的起点位置。此时"效果控件"面板中显示已添加两个关键帧，❶单击时间轴视图中的第一个关键帧，❷将其拖动至"00:00:11:22"位置，如下图所示。

步骤20 设置模糊参数。在"效果控件"面板中，❶单击"转到下一关键帧"按钮▶，使播放指示器跳转至第二个关键帧位置，❷设置"快速模糊出点"的"模糊度"值为20，完成视频效果的设置，如下图所示。

步骤21 导入音频素材。接下来为手机壳主图视频添加背景音乐，将项目窗口中的"视频配乐.mp4"素材导入至时间轴A1轨道上，如下图所示。

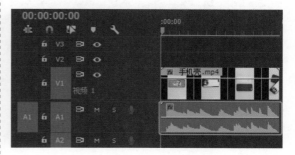

步骤22 查看颜色设置效果。在节目监视器窗口中单击"播放-停止切换"按钮▶，播放视频，当视频播放至"00:00:09:29"位置时，图像的效果如下图所示。

步骤23 查看出点模糊效果。在节目监视器窗口中继续播放视频，当视频播放至"00:00:12:18"位置时，图像的效果如下图所示。

实例83——马丁靴主图视频制作

在制作鞋类商品视频时，需要根据鞋子所适应的场合决定视频的风格。本实例将应用"复制"效果，对所拍摄的马丁靴视频进行复制变化编辑，制作出时尚、动感的商品主图视频。

原始文件	随书资源 \10\ 素材 \ 马丁靴 \ 马丁靴 .mp4、动感音乐 .mp4
最终文件	随书资源 \10\ 源文件 \ 马丁靴主图视频制作 .prproj

步骤 01 新建项目。执行"文件 > 新建 > 项目"菜单命令，新建一个名为"马丁靴主图视频制作"的项目文件，如右图所示。

步骤 02 导入素材至项目窗口。将本实例的所有素材都导入项目窗口，下图所示为导入素材后的项目窗口。

步骤 03 导入"马丁靴 .mp4"素材至时间轴窗口。将项目窗口中的"马丁靴 .mp4"素材拖动至时间轴窗口中，并放大显示素材，如下图所示。

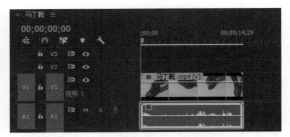

步骤 04 删除素材的音频部分。按照实例 62 介绍的方法，取消"马丁靴 .mp4"素材的视频部分和音频部分的链接，再删除音频部分，如下图所示。

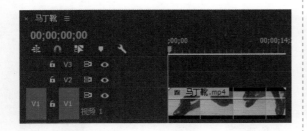

步骤 05 切割视频。❶单击"剃刀工具"按钮，❷将鼠标分别移到视频"00:00:05:11"和"00:00:14:08"位置，单击鼠标，将视频切割为 3 段，如下图所示。

步骤 06 删除视频片段。应用"选择工具"选中切割后的第三段视频片段，按 Delete 键将其删除，如右图所示。此时，时间轴窗口中仅剩两段视频。

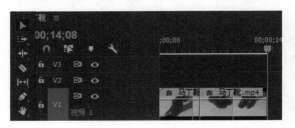

步骤 07 单击"复制"效果。在"效果"面板中，❶单击"视频效果"选项组中的"风格化"下拉按钮，❷在展开的下拉列表中单击"复制"效果，如下图所示。

步骤 08 应用"复制"效果。将"复制"效果拖动至时间轴窗口中切割后的第一段视频片段上方，当鼠标指针变为◎+形状时，释放鼠标，应用"复制"效果，如下图所示。保持播放指示器定位于视频开始处不变。

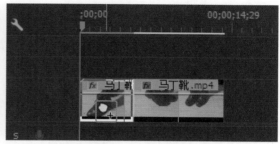

步骤 09 添加第一个关键帧。选中切割后的第一段视频片段，打开"效果控件"面板，在"复制"选项组中，❶单击"计数"选项左侧的"切换动画"按钮◎，添加关键帧，❷保持"计数"值为 2 不变，如下图所示。

步骤 10 添加第二个关键帧。将播放指示器定位于视频"00:00:01:02"位置，打开"效果控件"面板，在"复制"选项组中，❶单击"计数"选项右侧的"添加 / 移除关键帧"按钮◎，添加关键帧，❷设置"计数"值为 4，如下图所示。

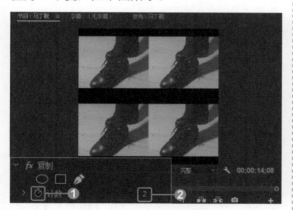

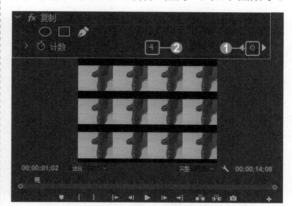

步骤 11 添加第三个关键帧。将播放指示器定位于视频"00:00:01:26"位置，在"效果控件"面板的"复制"选项组中，❶单击"计数"选项右侧的"添加 / 移除关键帧"按钮◎，添加关键帧，❷设置"计数"值为 2，如下图所示。

步骤 12 添加第四个关键帧。将播放指示器定位于视频"00:00:02:23"位置，在"效果控件"面板的"复制"选项组中，❶单击"计数"选项右侧的"添加 / 移除关键帧"按钮◎，添加关键帧，❷设置"计数"值为 5，如下图所示。

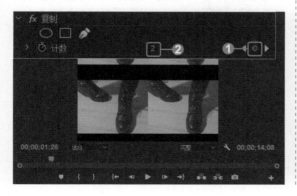

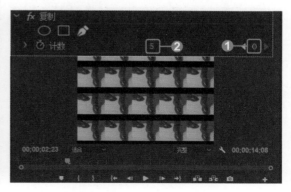

步骤 13 单击"交叉溶解"过渡。在"效果"面板中，❶单击"视频过渡"选项组中的"溶解"下拉按钮，❷在展开的下拉列表中单击"交叉溶解"过渡，如右图所示。

步骤 14 拖动"交叉溶解"过渡。按住"交叉溶解"过渡不放，将其拖动至时间轴窗口中切割后的第二段视频片段的开始位置。此时，鼠标指针的右下方出现▸图形，如下图所示。

步骤 15 应用"交叉溶解"过渡。释放鼠标，应用"交叉溶解"过渡，此时时间轴窗口中显示"交叉溶解"过渡图示，如下图所示。

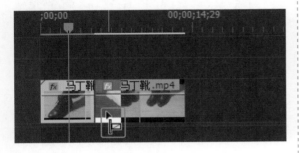

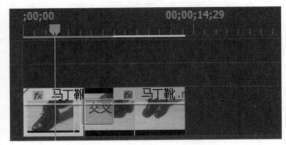

步骤 16 导入音频素材。将项目窗口中的"动感音乐 .mp4"素材导入至时间轴 A1 轨道上，如下图所示。

步骤 17 切割音频素材的多余部分。应用"剃刀工具"将音频素材多余的部分切割并删除，使其持续时间与 V1 轨道上素材的持续时间一致，如下图所示。

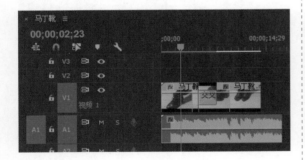

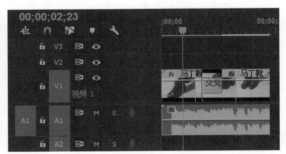

步骤 18 查看视频整体效果。在节目监视器窗口中单击"播放 - 停止切换"按钮▶，播放视频，当视频播放至"00:00:00:26"位置时，图像效果如下图所示。

步骤 19 继续查看视频整体效果。继续播放视频，当视频播放至"00:00:12:05"位置时，图像效果如下图所示。

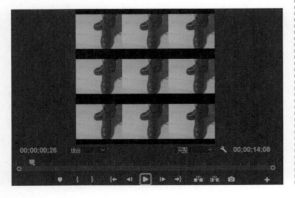

第 **11** 章
详情视频制作

网店中的商品详情视频可用来介绍商品详细信息或展示商品用途等，其长宽比一般为 16 ：9。本章将根据电商平台对详情视频的相关要求，综合应用 Premiere Pro 中的视频编辑工具，针对不同商品进行详情视频的制作。

实例84——瓷盘详情视频制作

瓷盘样式繁多，在制作其商品视频时，可根据其样式特点决定相应的视频风格，更有利于吸引买家的注意力。本实例将综合使用各种编辑工具，对瓷盘视频的画面效果进行美化，制作清新风格的商品详情视频。

原始文件	随书资源 \11\ 素材 \ 瓷盘 \ 瓷盘 1.mp4、瓷盘 2.mp4、视频配音 .mp4
最终文件	随书资源 \11\ 源文件 \ 瓷盘详情视频制作 .prproj

步骤 01 新建项目并导入素材。执行"文件 > 新建 > 项目"菜单命令，❶新建一个名为"瓷盘详情视频制作"的项目文件，❷将本实例的所有素材都导入项目窗口，如下图所示。

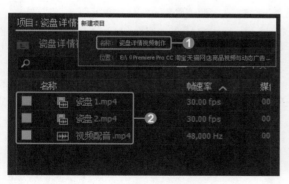

步骤 02 导入素材至时间轴窗口。同时选中项目窗口中的"瓷盘 1.mp4"与"瓷盘 2.mp4"素材，将其拖动至时间轴窗口中，并放大显示素材，如下图所示。

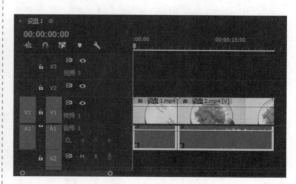

步骤 03 删除素材的音频部分。按照实例 62 介绍的方法，取消"瓷盘 1.mp4"和"瓷盘 2.mp4"素材的视频部分和音频部分的链接，再删除音频部分。此时，A1 轨道上已无文件，如右图所示。

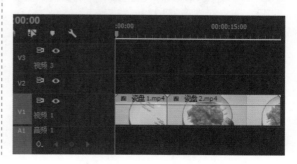

步骤 04 单击"VR 投影"效果。在"效果"面板中，❶单击"视频效果"选项组中的"视频"下拉按钮，❷在展开的下拉列表中单击"VR 投影"效果，如下图所示。

步骤 06 设置"VR 投影"参数。选中时间轴窗口中的"瓷盘 1.mp4"素材，打开"效果控件"面板，在"VR 投影"选项组中设置"平移"值为 180，如下图所示。

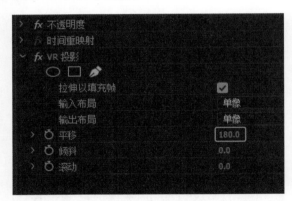

步骤 08 单击"镜头光晕"效果。在"效果"面板中，❶单击"视频效果"选项组中的"生成"下拉按钮，❷在展开的下拉列表中单击"镜头光晕"效果，如下图所示。

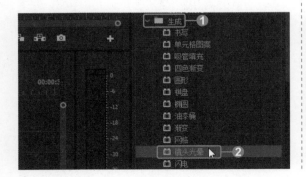

步骤 05 应用"VR 投影"效果。将"VR 投影"效果拖动至 V1 轨道中的"瓷盘 1.mp4"素材上方，当鼠标指针变为 形状时，释放鼠标，应用"VR 投影"效果，如下图所示。

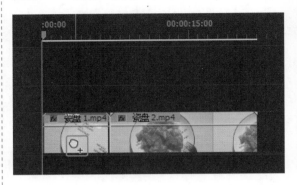

步骤 07 查看"VR 投影"效果。设置"平移"值后，在节目监视器窗口中查看设置的"VR 投影"效果，如下图所示。

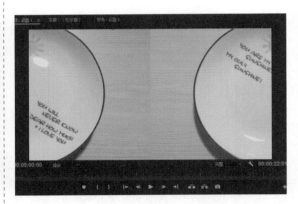

步骤 09 应用"镜头光晕"效果。将"镜头光晕"效果拖动至 V1 轨道中的"瓷盘 1.mp4"素材上方，当鼠标指针变为 形状时，释放鼠标，应用"镜头光晕"效果，再将播放指示器定位于视频开始位置，如下图所示。

步骤 10 添加并设置"镜头光晕"效果变化的第一个关键帧。打开"效果控件"面板，❶单击"光晕中心"选项左侧的"切换动画"按钮◯，添加关键帧，❷设置"光晕中心"值为 152、152，❸设置"光晕亮度"值为 150%，如下图所示。

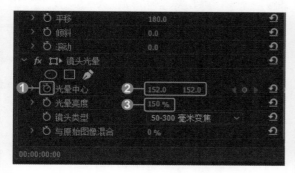

步骤 11 添加并设置"镜头光晕"效果变化的第二个关键帧。将播放指示器定位于"瓷盘1.mp4"素材的末尾位置，在"效果控件"面板中，❶单击"光晕中心"选项右侧的"添加 / 移除关键帧"按钮◯，添加关键帧，❷设置"光晕中心"值为 605、48，如下图所示。

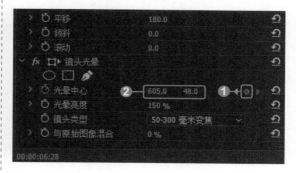

步骤 12 执行菜单命令新建字幕。设置完"瓷盘1.mp4"素材的视频效果后，接下来为视频添加字幕效果。执行"文件 > 新建 > 旧版标题"菜单命令，如下图所示。

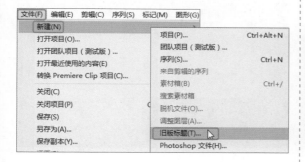

步骤 13 设置字幕名称。在打开的"新建字幕"对话框中，❶设置字幕"名称"为"瓷盘1"，其他参数保持不变，❷单击"确定"按钮，创建字幕，且在项目窗口中会自动生成"瓷盘1"字幕素材，如下图所示。

步骤 14 选择"直线工具"。接下来需要绘制一条直线。❶单击工作区右侧的"旧版标题工具"标签，❷在展开的面板中单击"直线工具"按钮╱，选择"直线工具"，如下图所示。

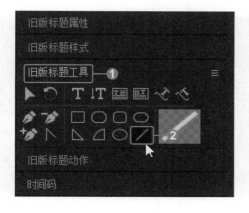

步骤 15 绘制直线图形。在"字幕"面板中按住Shift 键单击并向下拖动，绘制出一条竖线图形，然后将其移至画面中间位置，效果如下图所示。

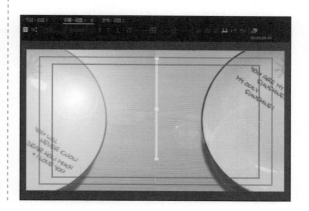

步骤16 设置直线宽度。打开"旧版标题属性"面板，❶设置"属性"选项组中的"线宽"值为1，❷单击"填充"选项组中"颜色"选项右侧的颜色块，如下图所示。

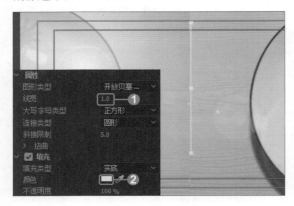

步骤17 设置直线的填充颜色。打开"拾色器"对话框，❶设置颜色值为R248、G133、B133，❷单击"确定"按钮，如下图所示。

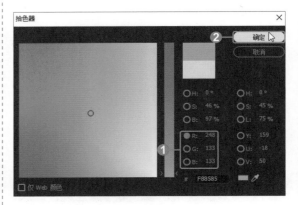

步骤18 选择"垂直文字工具"。返回"字幕"面板，可看见直线的设置效果，❶单击"旧版标题工具"标签，❷在展开的面板中单击"垂直文字工具"按钮**IT**，如下图所示。

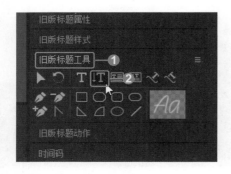

步骤19 设置字幕的文字内容。应用"垂直文字工具"在"字幕"面板中的直线右侧单击并输入如下图所示的文字内容，打开"旧版标题属性"面板，❶设置"字体系列"为"方正启体简体"，❷设置"字体大小"值为30。

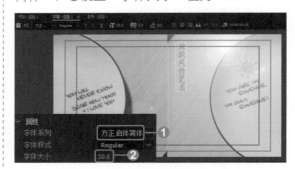

步骤20 继续设置文字内容。继续应用"垂直文字工具"在"字幕"面板中的直线左侧输入文字，并为其设置与步骤19中相同的字体和大小。下图所示为设置后的字幕效果。

步骤21 导入"瓷盘1"字幕素材至时间轴窗口。将项目窗口中的"瓷盘1"字幕素材导入至时间轴V2轨道上，调整其持续时间与V1轨道上"瓷盘1.mp4"素材的持续时间一致，如下图所示。

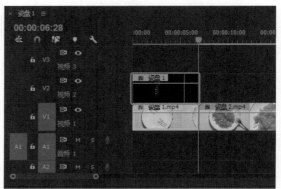

步骤 22 新建遮罩层字幕。执行"文件 > 新建 > 旧版标题"菜单命令，新建名为"遮罩"的字幕，如下图所示。

步骤 23 选择"矩形工具"。接下来需要在"遮罩"字幕中制作矩形遮罩。展开"旧版标题工具"面板，单击"矩形工具"按钮，如下图所示。

步骤 24 在"遮罩"字幕中绘制矩形图形。在"字幕"面板中单击并拖动，绘制矩形图形，然后调整图形大小，使其能覆盖"瓷盘 1"字幕的内容，如下图所示。

步骤 25 导入"遮罩"字幕素材至时间轴窗口。❶将项目窗口中的"遮罩"字幕素材导入至时间轴 V3 轨道上，并调整字幕的持续时间，使其与 V2 轨道上"瓷盘 1"字幕素材的持续时间一致，❷将播放指示器定位于视频开始位置，如下图所示。

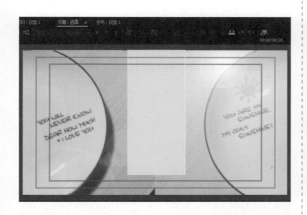

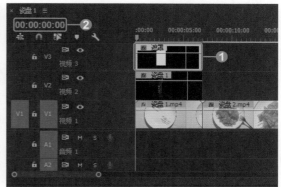

步骤 26 设置"遮罩"素材运动变化的第一个关键帧。打开"效果控件"面板，展开"运动"选项组，❶单击"位置"选项左侧的"切换动画"按钮，添加一个关键帧，❷设置"位置"值为 502、225，如下图所示。

步骤 27 设置"遮罩"素材运动变化的第二个关键帧。将播放指示器定位于视频"00:00:02:05"位置，在"效果控件"面板中，❶单击"位置"选项右侧的"添加 / 移除关键帧"按钮，添加关键帧，❷设置"位置"值为 412、225，如下图所示。

步骤28 单击"轨道遮罩键"效果。展开"效果"面板，❶单击"视频效果"选项组中的"键控"下拉按钮，❷在展开的下拉列表中单击"轨道遮罩键"效果，如下图所示。

步骤29 应用"轨道遮罩键"效果。将"轨道遮罩键"效果拖动至时间轴 V2 轨道中的"瓷盘1"字幕素材上方，当鼠标指针变为形状时，释放鼠标，应用"轨道遮罩键"效果，如下图所示。

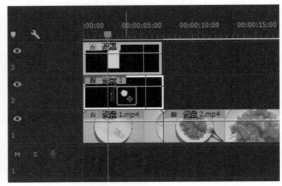

步骤30 设置轨道遮罩图层。打开"效果控件"面板，在"轨道遮罩键"选项组中，❶单击"遮罩"下拉按钮，❷在展开的下拉列表中单击"视频3"选项，如下图所示。

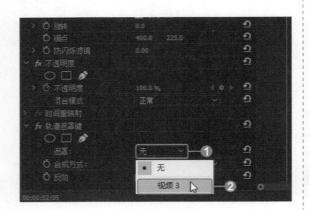

步骤31 查看遮罩效果。至此，已完成"瓷盘1.mp4"素材视频效果的设置，单击节目监视器窗口中的"播放-停止切换"按钮▶，播放视频，查看视频遮罩效果，当视频播放至"00:00:01:18"位置时，图像效果如下图所示。

步骤32 新建"透明视频"素材。接下来开始设置"瓷盘2.mp4"素材的相关效果。执行"文件 > 新建 > 透明视频"菜单命令，新建透明视频，如下图所示。

步骤33 新建"瓷盘2"字幕素材。执行"文件 > 新建 > 旧版标题"菜单命令，新建名为"瓷盘2"的字幕，在项目窗口中会自动显示"瓷盘2"字幕，如下图所示。

步骤 34 设置"瓷盘 2"字幕的文字内容。将播放指示器定位于"瓷盘 2"字幕素材的开始位置，应用"文字工具"在"字幕"面板中输入文字内容"SHINSHINE"，❶设置"字体系列"为 Clarendon BIK BT，❷设置"字体大小"为50，并将文字拖动至合适位置，如右图所示。

步骤 35 新建"瓷盘 3"字幕素材。执行"文件 > 新建 > 旧版标题"菜单命令，新建名为"瓷盘 3"的字幕，在项目窗口中会自动显示"瓷盘 3"字幕，如下图所示。

步骤 36 设置"瓷盘 3"字幕的文字内容。应用"文字工具"在"字幕"面板中输入文字内容"THE DAY"，并为其设置与步骤 34 中相同的字体和大小。下图所示为设置完成后的效果。

步骤 37 导入"透明视频"素材至时间轴窗口。❶将项目窗口中的"透明视频"素材拖动至 V2 轨道上"瓷盘 1"字幕素材的末尾位置，❷调整透明视频的持续时间为"00:00:08:00"，如下图所示。

步骤 38 导入"瓷盘 2"和"瓷盘 3"字幕素材至时间轴窗口。将项目窗口中的"瓷盘 2"和"瓷盘 3"字幕素材拖动至 V3 轨道上，将两个素材的总持续时间调至与 V2 轨道上"透明视频"素材的持续时间相同，如下图所示。

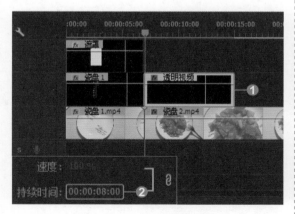

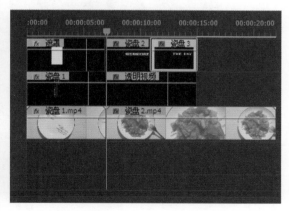

步骤 39 单击"网格"效果。在"效果"面板中，❶单击"视频效果"选项组中的"生成"下拉按钮，❷在展开的下拉列表中单击"网格"效果，如下左图所示。

步骤 40 应用"网格"效果。将"网格"效果拖动至 V2 轨道中的"透明视频"素材上方，当鼠标指针变为形状时，释放鼠标，应用"网格"效果，如下右图所示。

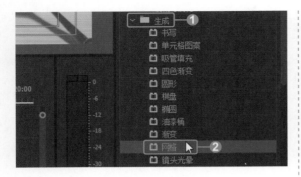

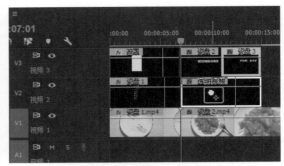

步骤 41 查看默认设置下的"网格"效果。打开节目监视器窗口,在窗口中查看默认设置下的"网格"效果,如下图所示。接下来需要对网格线进行设置。

步骤 42 设置"网格"参数。打开"效果控件"面板,在"网格"选项组中,❶设置"边角"值为756、432,❷设置"边框"值为4,如下图所示。

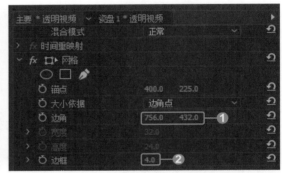

步骤 43 单击"球面化"效果。在"效果"面板中,❶单击"视频效果"选项组中的"扭曲"下拉按钮,❷在展开的下拉列表中单击"球面化"效果,如下图所示。

步骤 44 应用"球面化"效果。将"球面化"效果拖动至时间轴窗口中的"瓷盘2"字幕素材上方,应用"球面化"效果,如下图所示。

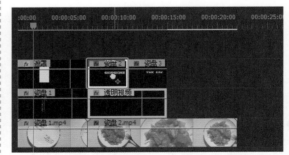

步骤 45 添加并设置"瓷盘2"字幕素材变化的第一个关键帧。保持播放指示器定位于"00:00:07:01"位置不变,打开"效果控件"面板,❶单击"位置"选项左侧的"切换动画"按钮, ❷设置"位置"值为400、442,❸设置"半径"值为100,❹单击"球面中心"选项左侧的"切换动画"按钮, ❺设置"球面中心"值为273、225,如右图所示。

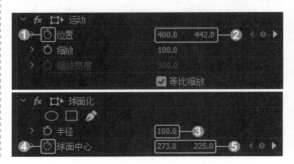

步骤46 添加并设置"瓷盘2"字幕素材变化的第二个关键帧。将播放指示器定位于"00:00:07:29"位置,在"效果控件"面板中,❶单击"位置"选项右侧的"添加/移除关键帧"按钮 ,❷设置"位置"值为400、237,❸单击"球面中心"选项右侧的"添加/移除关键帧"按钮 ,❹设置"球面中心"值为410、225,如下图所示。

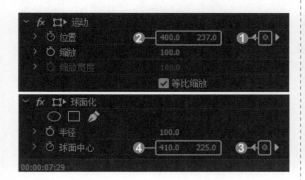

步骤47 添加并设置"瓷盘2"字幕素材变化的第三个关键帧。使用与步骤46相同的方法,在视频"00:00:09:11"位置,添加并设置素材变化的第三个关键帧,❶保持"位置"值为400、237不变,❷设置"球面中心"值为380、225,如下图所示。

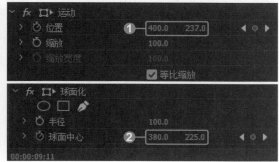

步骤48 添加并设置"瓷盘2"字幕素材变化的第四个关键帧。将播放指示器定位于"00:00:10:29"位置,添加并设置"瓷盘2"字幕素材变化的第四个关键帧,❶设置"位置"值为400、-5,❷设置"球面中心"值为661、225,如下图所示。

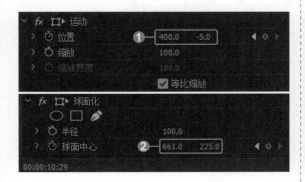

步骤49 在"瓷盘3"字幕素材中应用"球面化"效果。在"效果"面板中,❶将"球面化"效果拖动至时间轴窗口中的"瓷盘3"字幕素材上方,当鼠标指针变为 形状时,释放鼠标,应用"球面化"效果,❷将播放指示器定位于"00:00:11:01"位置,如下图所示。

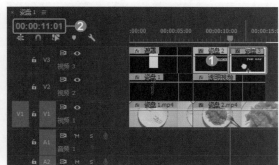

步骤50 添加并设置"瓷盘3"字幕素材变化的第一个关键帧。在"效果控件"面板中添加"瓷盘3"字幕素材变化的第一个关键帧,❶设置"位置"值为120、244,❷设置"半径"值为100,❸设置"球面中心"值为245、225,如右图所示。

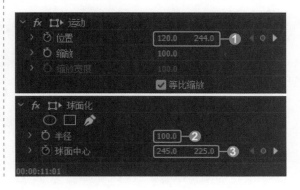

步骤 51 添加并设置"瓷盘 3"字幕素材变化的第二个关键帧。将播放指示器定位于"00:00:12:15"位置，添加"瓷盘 3"字幕素材变化的第二个关键帧，❶设置"位置"值为 388、244，❷设置"球面中心"值为 384、211，如下图所示。

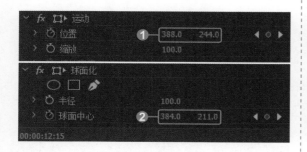

步骤 53 添加并设置"瓷盘 3"字幕素材变化的第四个关键帧。将播放指示器定位于"00:00:15:00"位置，添加"瓷盘 3"字幕素材变化的第四个关键帧，❶设置"位置"值为 919、244，❷设置"球面中心"值为 631、194，如下图所示。

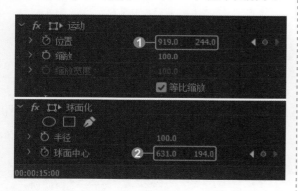

步骤 55 设置颜色遮罩的颜色。在打开的"拾色器"对话框中，❶设置颜色值为 R235、G225、B225，❷单击"确定"按钮，完成设置，如下图所示。

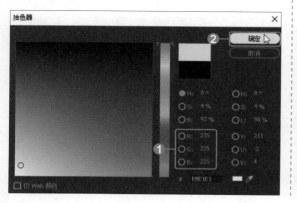

步骤 52 添加并设置"瓷盘 3"字幕素材变化的第三个关键帧。将播放指示器定位于"00:00:13:13"位置，添加"瓷盘 3"字幕素材变化的第三个关键帧，❶保持"位置"值为 388、244 不变，❷设置"球面中心"值为 401、194，如下图所示。

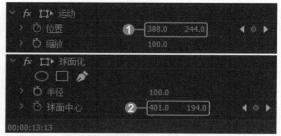

步骤 54 新建颜色遮罩。至此，已完成"瓷盘 2.mp4"素材的字幕设置，接着对其过渡效果进行设置。执行"文件 > 新建 > 颜色遮罩"菜单命令，打开"新建颜色遮罩"对话框，单击对话框中的"确定"按钮，如下图所示。

步骤 56 设置颜色遮罩的名称。在打开的"选择名称"对话框中，单击"确定"按钮，完成设置，此时系统自动将"颜色遮罩"素材导入项目窗口，如下图所示。

步骤 57 导入"颜色遮罩"素材至时间轴窗口。将项目窗口中的"颜色遮罩"素材拖至时间轴 V2 轨道上"透明视频"素材的末尾位置，并调整其持续时间，使其尾端与 V1 轨道上"瓷盘2.mp4"素材的尾端对齐，如下图所示。

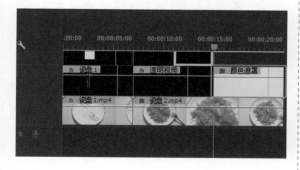

步骤 58 设置"颜色遮罩"素材的"不透明度"参数。打开"效果控件"面板，设置"不透明度"值为 20%，如下图所示。

步骤 59 单击"立方体旋转"过渡。在"效果"面板中，❶单击"视频过渡"选项组中的"3D运动"下拉按钮，❷在展开的下拉列表中单击"立方体旋转"过渡，如下图所示。

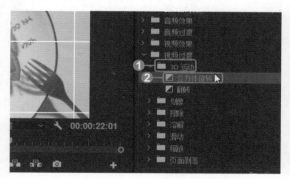

步骤 60 应用"立方体旋转"过渡。将"立方体旋转"过渡拖动至时间轴窗口中"颜色遮罩"素材的开始位置，应用"立方体旋转"过渡，如下图所示。

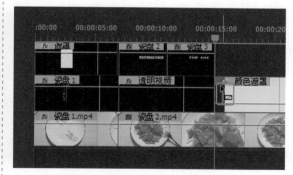

步骤 61 再次应用"立方体旋转"过渡。在"效果"面板中再次将"立方体旋转"过渡拖动至"颜色遮罩"素材的末尾位置，应用"立方体旋转"过渡，如下图所示。

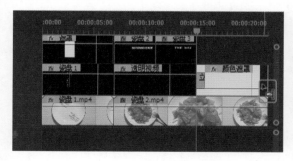

步骤 62 设置"颜色遮罩"素材末尾位置过渡的持续时间。在"效果控件"面板中打开第二个"立方体旋转"过渡，设置其"持续时间"值为"00:00:04:25"，如下图所示。

步骤 63 导入音频素材至时间轴窗口。将项目窗口中的"视频配音.mp4"素材拖动至时间轴A1 轨道上，如下左图所示。

步骤 64 调整音频素材的持续时间。调整音频素材的持续时间，使其与 V1 轨道上素材的持续时间一致，如下右图所示。至此，已完成所有视频效果的设置。

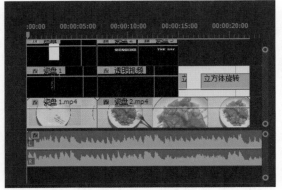 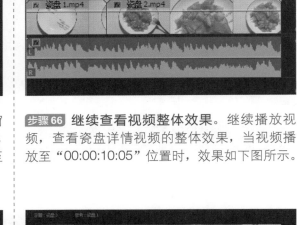

步骤65 **查看视频整体效果**。单击节目监视器窗口中的"播放 - 停止切换"按钮▶，播放视频，查看瓷盘详情视频的整体效果，当视频播放至"00:00:04:28"位置时，效果如下图所示。

步骤66 **继续查看视频整体效果**。继续播放视频，查看瓷盘详情视频的整体效果，当视频播放至"00:00:10:05"位置时，效果如下图所示。

实例85——眼影详情视频制作

在网店装修中，为了让买家能更直观地感受眼影的效果，可以用详情视频对眼影进行展示。本实例将通过在眼影商品的图片和视频素材画面中添加相应的字幕文字修饰，使买家能够通过简短的视频了解更多的商品信息。

原始文件	随书资源 \11\ 素材 \ 眼影桃花妆 \ 眼影 1.mp4 ～眼影 4.mp4、桃花妆眼影 .jpg、眼影背景音乐 .mp3
最终文件	随书资源 \11\ 源文件 \ 眼影详情视频制作 .prproj

步骤01 **新建项目并导入素材**。执行"文件 > 新建 > 项目"菜单命令，❶新建一个名为"眼影详情视频制作"的项目文件，❷将本实例的所有素材都导入项目窗口，如下左图所示。

步骤02 **新建序列**。按快捷键 Ctrl+N，打开"新建序列"对话框，❶单击"设置"标签，❷在打开的"设置"选项卡中设置"帧大小"的"水平"值为 800、"垂直"值为 450，❸设置"序列名称"为"眼影"，如下右图所示。单击"确定"按钮，完成序列的创建。

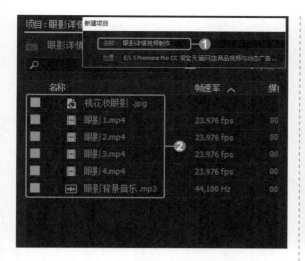

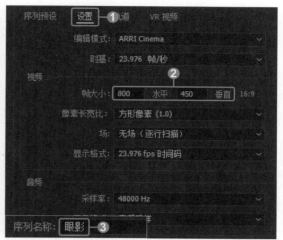

步骤 03 导入"桃花妆眼影 .jpg"素材至时间轴窗口。将项目窗口中的"桃花妆眼影 .jpg"素材拖动至"眼影"序列的 V1 轨道上，放大显示素材，并在时间轴窗口中将其持续时间缩短至"00:00:02:00"，如下图所示。

步骤 04 查看原素材图像。将素材导入时间轴窗口后，由于素材的像素尺寸较大，其图像在节目监视器窗口中显示不完全，如下图所示。

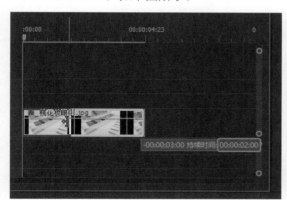

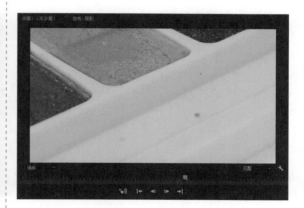

步骤 05 缩放图像。在"效果控件"面板中设置"桃花妆眼影 .jpg"素材的"缩放"值为 25，在节目监视器窗口中查看设置后的图像效果，如下图所示。

步骤 06 设置第一段文字内容。单击工具面板中的"文字工具"按钮 T，在节目监视器窗口中的图像上单击，输入字幕文字内容"桃花妆眼影"，如下图所示。

步骤 07 查看文字内容设置结果。此时时间轴 V2 轨道上会自动生成名为"桃花妆眼影"的文字图层，如下图所示。

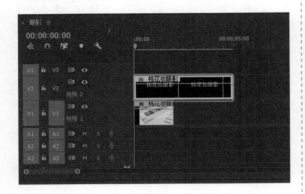

步骤 08 设置第一段文字的位置和大小。打开"效果控件"面板，在"文本"选项组的"变换"选项组下，❶设置"位置"值为 213、260.7，❷设置"缩放"值为 85，如下图所示。

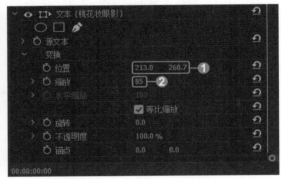

步骤 09 打开"拾色器"对话框。❶单击"效果控件"面板中的"源文本"下拉按钮，❷在展开的下拉列表中选择合适的字体，❸单击"填充"选项左侧的颜色块，如下图所示。

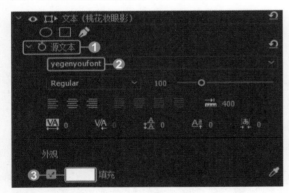

步骤 10 设置文字的填充颜色。打开"拾色器"对话框，❶设置颜色值为 R215、G40、B205，❷单击"确定"按钮，如下图所示。

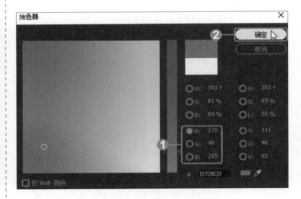

步骤 11 设置文字的"描边"效果。在"效果控件"面板中，❶勾选"描边"选项左侧的复选框，激活文字的描边属性，❷设置描边宽度值为 8，如下图所示。

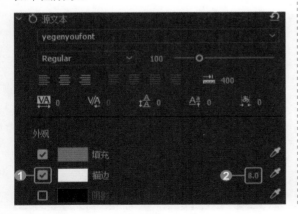

步骤 12 查看第一段文字的设置效果。在节目监视器窗口中查看设置文本参数后的整体图像效果，如下图所示。

步骤 13 **控制第一段文字素材的持续时间**。将鼠标移至"桃花妆眼影"文字素材右侧，当鼠标指针变为 ◄ 形状时，单击并向左拖动，当出现一条黑色竖线时，如下图所示，释放鼠标。

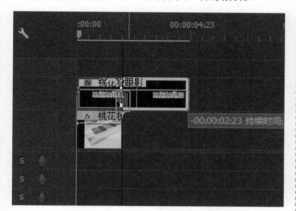

步骤 15 **输入第二段文字**。应用"文字工具"，在节目监视器窗口中输入文字"不飞粉 不晕妆 十色可选"，此时时间轴 V1 轨道上会自动生成相应的文字素材，如下图所示。

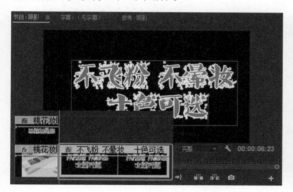

步骤 17 **控制第二段文字素材的持续时间**。使用步骤 13 的方法，将第二段文字素材的持续时间设置为"00:00:02:00"，如下图所示。

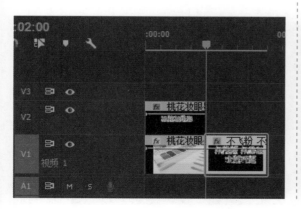

步骤 14 **定位播放指示器**。接下来将对第二段文字进行编辑。首先将播放指示器定位于"00:00:02:00"位置，如下图所示。

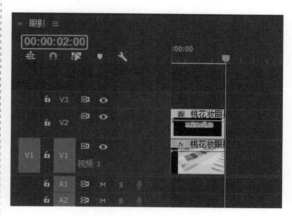

步骤 16 **设置第二段文字的位置和大小**。打开"效果控件"面板，在"变换"选项组中，❶设置"位置"值为 108.6、196.3，❷设置"缩放"值为 90，如下图所示。

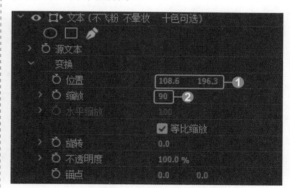

步骤 18 **变换第二段文字素材的轨道**。将时间轴 V1 轨道上的第二段文字素材拖放至 V2 轨道上，如下图所示。

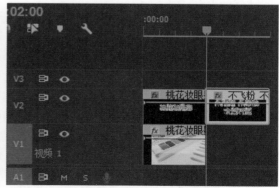

步骤 19 执行菜单命令新建颜色遮罩。第二段文字的背景为黑色，与整体视频颜色不协调，接下来为其制作一个浅色背景。如下图所示，执行"文件 > 新建 > 颜色遮罩"菜单命令。

步骤 20 确认新建颜色遮罩。执行菜单命令后，打开"新建颜色遮罩"对话框，单击"确定"按钮，如下图所示。

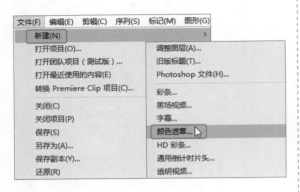

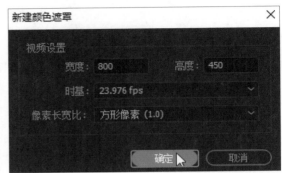

步骤 21 设置遮罩颜色。在打开的"拾色器"对话框中，❶设置颜色值为 R243、G229、B229，❷单击"确定"按钮，如下图所示。

步骤 22 设置颜色遮罩的名称。在打开的"选择名称"对话框中，❶保持默认名称为"颜色遮罩"不变，❷单击"确定"按钮，可自动将"颜色遮罩"素材导入项目窗口，如下图所示。

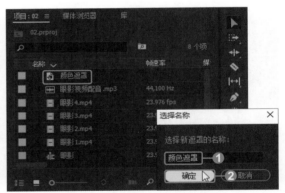

步骤 23 导入"颜色遮罩"素材至时间轴窗口。将项目窗口中的"颜色遮罩"素材导入至时间轴 V1 轨道上，并设置与 V2 轨道上素材相同的持续时间，如下图所示。

步骤 24 导入"眼影 1.mp4"素材至时间轴窗口。将项目窗口中的"眼影 1.mp4"素材拖动至时间轴 V1 轨道上，并使其与"颜色遮罩"素材首尾衔接，如下图所示。

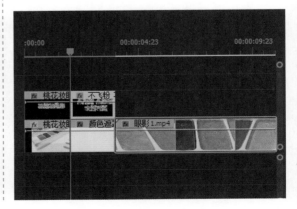

步骤 25 **移动时间轴窗口中的素材。** ❶单击 "手形工具" 按钮🖐，❷将鼠标移到时间轴 V1 轨道上，当鼠标指针变为手形🖐时，单击并向左拖动鼠标，查看时间轴后方的视频素材，❸将播放指示器定位于 "眼影 1.mp4" 素材的末尾位置，如下图所示。

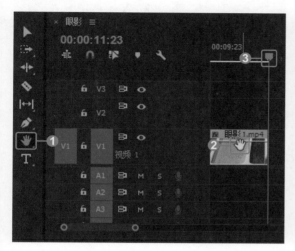

步骤 26 **再次导入 "颜色遮罩" 素材至时间轴窗口。** ❶将项目窗口中的 "颜色遮罩" 素材导入至 V1 轨道上 "眼影 1.mp4" 素材的末尾位置，❷调整素材的持续时间为 "00:00:02:00"，❸单击工具面板中的 "文字工具" 按钮🅣，如下图所示。

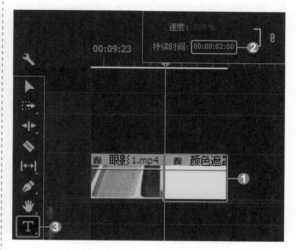

步骤 27 **设置第三段文字。** 应用 "文字工具" 在节目监视器窗口中输入文字 "少女樱花色彩 bling bling"，然后单击 "选择工具" 按钮▶，将输入的文字拖动至画面中间位置，如下图所示。

步骤 28 **控制第三段文字的持续时间。** 此时，时间轴窗口中自动生成第三段文字素材，如下图所示。使用步骤 13 的方法，设置第三段文字素材与其下方的 "颜色遮罩" 素材的持续时间相同。

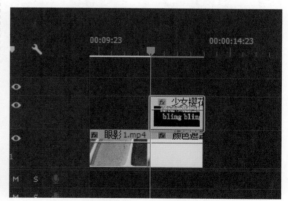

步骤 29 **导入 "眼影 2.mp4" 素材至时间轴窗口。** ❶将项目窗口中的 "眼影 2.mp4" 素材拖动至时间轴 V1 轨道上 "颜色遮罩" 素材的末尾位置，❷将播放指示器定位于 "眼影 2.mp4" 素材的末尾位置，如右图所示。

步骤 30 继续应用"颜色遮罩"。❶将项目窗口中的"颜色遮罩"素材导入至 V1 轨道上"眼影 2.mp4"素材的右侧位置，❷控制其持续时间为"00:00:02:00"，❸单击工具面板中的"文字工具"按钮 T，如下图所示。

步骤 31 设置第四段文字。选择"文字工具"后，在节目监视器窗口中输入文字"实图展示"，然后选择"选择工具"，将第四段文字拖动至屏幕中间位置，如下图所示。

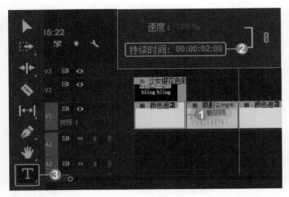

步骤 32 控制第四段文字的持续时间。此时，时间轴 V2 轨道上会显示第四段文字素材，将其持续时间设置为"00:00:02:00"，如下图所示。

步骤 33 导入素材至时间轴窗口。❶将项目窗口中的"眼影 3.mp4"与"颜色遮罩"素材拖动至时间轴 V1 轨道上，❷将播放指示器定位于"眼影 3.mp4"素材的末尾位置，如下图所示。

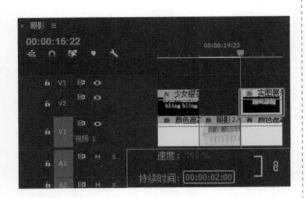

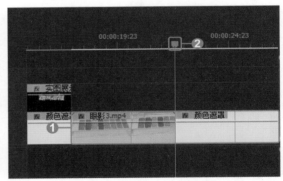

步骤 34 设置第五段文字。使用与设置第四段文字相同的方法，在节目监视器窗口的中间位置；设置第五段文字内容为"感谢买家提供实图"，如下图所示。

步骤 35 设置持续时间。在时间标识右侧显示第五段文字素材，❶应用"手形工具"，将时间轴窗口中的素材整体向左拖动，❷将第五段文字素材及其背景图层"颜色遮罩"素材的持续时间均设置为"00:00:02:00"，如下图所示。

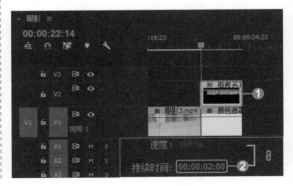

步骤 36 导入"眼影 4.mp4"素材至时间轴窗口。将项目窗口中的"眼影 4.mp4"素材拖动至时间轴 V1 轨道上，使其与前一素材首尾衔接，如下图所示。

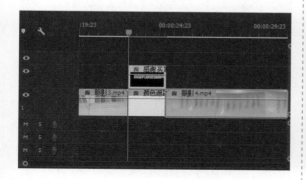

步骤 37 缩小标尺视图。将播放指示器定位于视频开始位置，将鼠标指针移至时间轴窗口中缩放滚动条的右侧端点上，当鼠标指针变为 形状时，单击并向右拖动鼠标，缩小显示标尺视图，使所有素材能在时间轴窗口中完全显示，如下图所示。

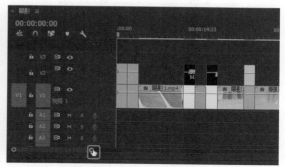

步骤 38 单击"翻转"过渡。在"效果"面板中，❶单击"视频过渡"选项组中的"3D 运动"下拉按钮，❷在展开的下拉列表中单击"翻转"过渡，如下图所示。

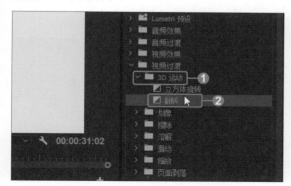

步骤 39 拖动"翻转"过渡。按住"翻转"过渡不放，将其拖动至时间轴窗口中第一段和第二段文字素材的中间位置，此时鼠标指针的右下方出现 图形，如下图所示。

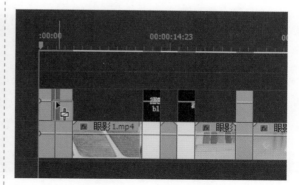

步骤 40 应用"翻转"过渡。释放鼠标，应用"翻转"过渡，并在第一段和第二段文字素材中间显示"翻转"过渡图示。单击该过渡图示，如下图所示，使其在"效果控件"面板中打开。

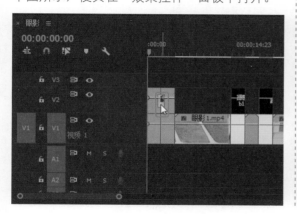

步骤 41 单击"翻转"过渡的"填充颜色"颜色块。在"效果控件"面板中，❶单击"自定义"按钮，❷在打开的"翻转设置"对话框中单击"填充颜色"选项右侧的颜色块，如下图所示。

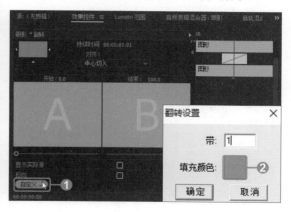

步骤 42 设置"翻转"过渡的"填充颜色"。打开"拾色器"对话框，❶设置颜色值为 R243、G229、B229，❷单击"确定"按钮，如下图所示。返回"翻转设置"对话框，单击"确定"按钮，确认设置。

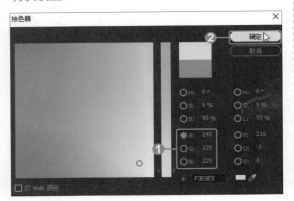

步骤 44 再次单击"翻转"过渡。在"效果"面板中，❶单击"视频过渡"选项组中的"3D 运动"下拉按钮，❷在展开的下拉列表中单击"翻转"过渡，如下图所示。

步骤 46 导入音频素材至时间轴窗口。设置完视频部分后，将项目窗口中的"眼影背景音乐.mp3"素材导入至时间轴 A1 轨道上，并调整其持续时间与视频轨道上素材的持续时间相同，如下图所示。

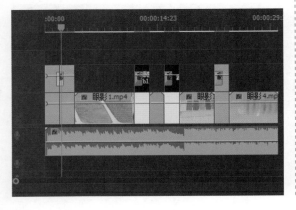

步骤 43 查看"翻转"过渡效果。单击节目监视器窗口中的"播放 - 停止切换"按钮▶，播放视频，当视频播放至"00:00:02:05"位置时，效果如下图所示。

步骤 45 重复应用"翻转"过渡。分别在时间轴窗口中第三、四、五段字幕文字的开始位置应用"翻转"过渡，使用与步骤 41 ～ 43 相同的方法，为其设置相同的翻转颜色。下图所示为重复应用"翻转"过渡后的时间轴窗口。

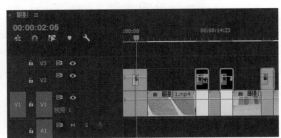

步骤 47 查看视频制作整体效果。单击节目监视器窗口中的"播放 - 停止切换"按钮▶，播放视频，查看视频的整体制作效果，当视频播放至"00:00:12:21"位置时，效果如下图所示。

实例86——卸妆水详情视频制作

制作卸妆水商品详情视频时，可呈现的内容非常多，包括卸妆水的基本信息、使用步骤、使用效果等。本实例将对卸妆水商品的图片和视频素材进行编辑操作，并使用"球面化"效果对其字幕进行特效编辑，制作出卸妆水详情视频。

原始文件	随书资源 \11\ 素材 \ 卸妆水 \ 卸妆水 .jpg、卸妆水 .mp4、视频配音 .mp4
最终文件	随书资源 \11\ 源文件 \ 卸妆水详情视频制作 .prproj

步骤01 新建项目并导入素材。 执行"文件 > 新建 > 项目"菜单命令，❶新建"卸妆水详情视频制作"项目文件，❷将本实例的所有素材都导入项目窗口，如下图所示。

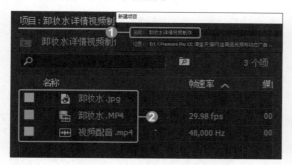

步骤02 导入图片素材至时间轴窗口。 ❶将项目窗口中的"卸妆水 .jpg"素材拖动至时间轴窗口中，❷单击工具面板中的"文字工具"按钮▮▮，如下图所示。

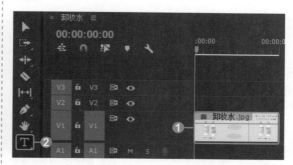

步骤03 输入第一段文字。 使用"文字工具"在节目监视器窗口中输入文字"第一步：取适量产品倒在化妆棉上"，此时在时间轴窗口中会自动生成相应的文字素材，如下图所示。

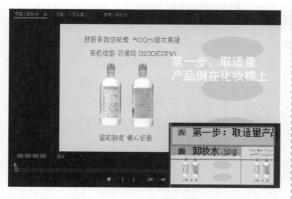

步骤04 设置第一段文字的位置和大小。 打开"效果控件"面板，在"文本"选项组的"变换"选项组中，❶设置"位置"值为1230.6、201.5，❷设置"缩放"值为45，如下图所示。

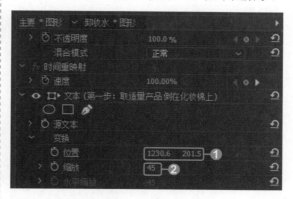

步骤05 设置第一段文字的字体和"描边"效果。 在"效果控件"面板中，❶单击"源文本"下拉按钮，❷在展开的下拉列表中设置合适的字体，❸勾选"描边"复选框，❹设置描边宽度为8，如下左图所示。

步骤06 单击"球面化"效果。 在"效果"面板中，❶单击"视频效果"选项组中的"扭曲"下拉按钮，❷在展开的下拉列表中单击"球面化"效果，如下右图所示。

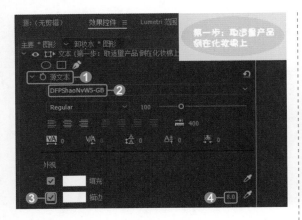

步骤07 应用"球面化"效果。将"球面化"效果拖动至时间轴 V2 轨道中的第一段文字素材上方,当鼠标指针变为 ◔ 形状时,如下图所示,释放鼠标,应用"球面化"效果,保持播放指示器定位于视频开始位置不变。

步骤08 添加并设置"球面化"效果变化的第一个关键帧。打开"效果控件"面板,❶设置"球面化"选项组中的"半径"值为 216,❷单击"球面中心"选项左侧的"切换动画"按钮 ◙,添加关键帧,❸设置"球面中心"值为 1279.6、226.5,如下图所示。

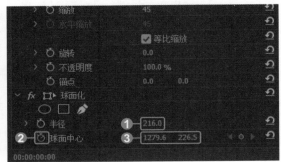

步骤09 添加并设置"球面化"效果变化的第二个关键帧。将播放指示器定位于"00:00:02:14"位置,在"效果控件"面板中,❶单击"半径"选项左侧的"切换动画"按钮 ◙,并保持其参数值不变,❷单击"球面中心"选项右侧的"添加 / 移除关键帧"按钮 ◙,❸设置"球面中心"值为 1521.6、226.5,如下图所示。

步骤10 添加并设置"球面化"效果变化的第三个关键帧。将播放指示器定位于"00:00:04:24"位置,在"效果控件"面板中,❶单击"半径"选项右侧的"添加 / 移除关键帧"按钮 ◙,❷设置"半径"值为 0,❸单击"球面中心"选项右侧的"添加 / 移除关键帧"按钮 ◙,❹设置"球面中心"值为 1816.6、226.5,如下图所示。

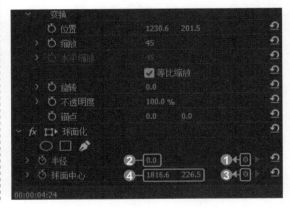

步骤11 导入视频素材至时间轴窗口。将项目窗口中的"卸妆水.mp4"素材拖动至时间轴窗口，并放大显示素材，如下图所示。

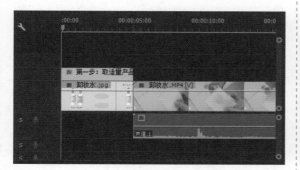

步骤12 删除素材的音频部分。按照实例62介绍的方法，取消"卸妆水.mp4"素材的视频部分和音频部分的链接，再删除音频部分，如下图所示。

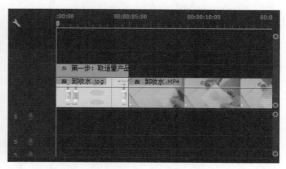

步骤13 切割视频。❶单击工具面板中的"剃刀工具"按钮，❷在时间轴窗口中的视频"00:00:10:15"和"00:00:16:02"位置分别单击，将视频切割为3段，如下图所示。

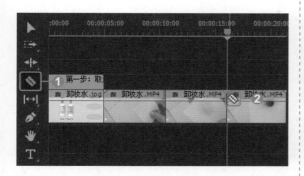

步骤14 选中切割后的第二段和第三段视频素材。❶单击工具面板中的"选择工具"按钮，❷按住Shift键不放，依次单击切割后的第二段和第三段视频素材，如下图所示。

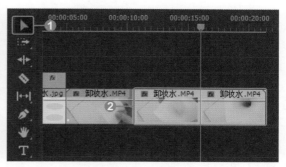

步骤15 分离选中的视频。❶将选中的第二段和第三段视频素材向右拖动，直至第一、二段视频素材间隔的持续时间为"00:00:05:00"，❷将播放指示器定位于第一段视频素材的末尾位置，如下图所示。

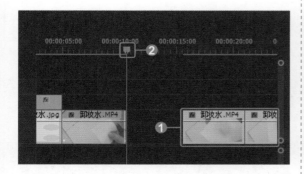

步骤16 复制图片和文字素材。用"手形工具"将时间轴窗口中的素材整体向右移动，用"选择工具"同时选中V1轨道上的"卸妆水.jpg"素材和V2轨道上的第一段文字素材，按快捷键Ctrl+C复制选中的素材，如下图所示。

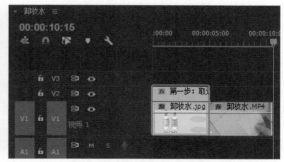

步骤17 粘贴素材。按快捷键Ctrl+V，将所选素材粘贴至时间标识右侧的空白区域，此时播放指示器自动跳转至"00:00:15:15"位置，即所粘贴素材的末尾位置，如下左图所示。

步骤18 清除所复制文字素材的"球面化"效果。在"效果控件"面板中，选中"球面化"选项，如下右图所示。按Delete键，即可清除所复制文字素材的"球面化"效果。

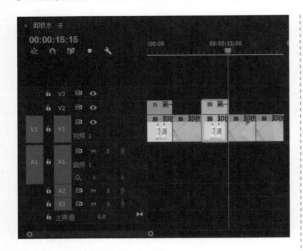

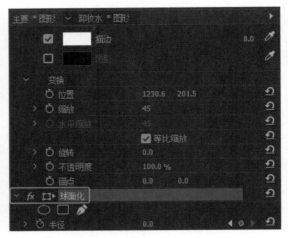

步骤 19 设置第二段文字内容。将播放指示器定位于"00:00:10:15"位置，❶单击工具面板中的"文字工具"按钮 **T**，❷在节目监视器窗口中输入文字"第二步：轻轻擦拭化妆部位"，如下图所示。

步骤 20 设置第二段文字的文本参数。打开"效果控件"面板，设置"文本"选项，展开"变换"选项组，❶设置"位置"值为 1232、540，❷设置"缩放"值为 45，如下图所示。

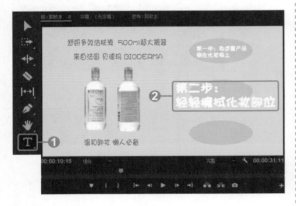

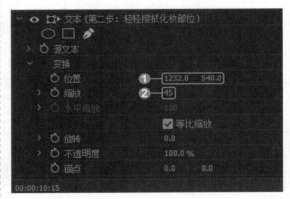

步骤 21 应用第二个"球面化"效果。在"效果"面板中单击"球面化"效果，将其拖动至时间轴窗口中的第二段文字素材上方，如下图所示，释放鼠标，应用"球面化"效果。

步骤 22 添加并设置第二个"球面化"效果变化的第一个关键帧。在"效果控件"面板中，❶设置"球面化"选项组中的"半径"值为 216，❷单击"球面中心"选项左侧的"切换动画"按钮 **⊙**，添加关键帧，❸设置其参数值为 1152、587，如下图所示。

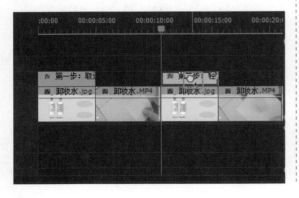

步骤23 添加并设置第二个"球面化"效果变化的第二个关键帧。将播放指示器定位于"00:00:13:08"位置，在"效果控件"面板中，❶单击"半径"选项左侧的"切换动画"按钮⏱，并保持其参数值不变，❷单击"球面中心"选项右侧的"添加/移除关键帧"按钮⏺，❸设置"球面中心"值为1384、587，如下图所示。

步骤24 添加并设置第二个"球面化"效果变化的第三个关键帧。将播放指示器定位于"00:00:15:14"位置，在"效果控件"面板中，❶单击"半径"选项右侧的"添加/移除关键帧"按钮⏺，❷设置"半径"值为0，❸单击"球面中心"选项右侧的"添加/移除关键帧"按钮⏺，❹设置"球面中心"值为1607、587，如下图所示。

步骤25 分离V1轨道上的第三段视频素材。用"手形工具"将时间轴窗口中的素材整体向左移动至合适位置，用"选择工具"选中V1轨道上切割后的第三段视频素材并向右拖动，将第二、三段视频的间隔时长设置为"00:00:05:00"，如下图所示。

步骤26 复制、粘贴第二段文字素材及其下方的图片素材。将播放指示器定位于"00:00:21:02"位置，然后重复步骤16、17，复制并粘贴V2轨道上的第二段文字素材及其下方的图片素材，此时播放指示器相应跳转至"00:00:26:02"位置，如下图所示。

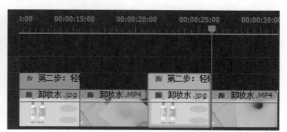

步骤27 清除所复制文字素材的"球面化"效果。选中复制的文字素材，打开"效果控件"面板，单击"球面化"选项，如下图所示。按Delete键，即可将其删除。

步骤28 输入第三段文字。将播放指示器定位于"00:00:21:02"位置，使用"文字工具"在节目监视器窗口中输入文字"第三步：反复擦拭，直至化妆部位变得干净"，如下图所示。

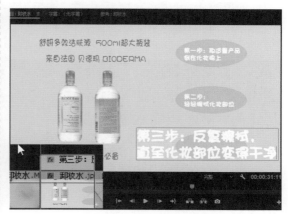

步骤 29 设置第三段文字的位置和大小。打开"效果控件"面板，在展开的"变换"选项组中，❶设置"位置"值为 1231.9、878，❷设置"缩放"值为 45，如下图所示。

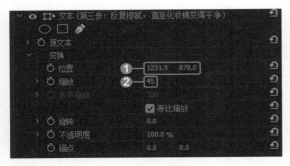

步骤 30 应用第三个"球面化"效果。在"效果"面板中单击"球面化"效果，并将其拖动至 V2 轨道中的第三段文字素材上方，如下图所示，释放鼠标，应用"球面化"效果。

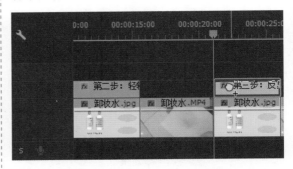

步骤 31 添加并设置第三个"球面化"效果变化的第一个关键帧。应用效果后，在"效果控件"面板中将自动显示"球面化"选项组，❶设置"球面化"选项组中的"半径"值为 216，❷单击"球面中心"选项左侧的"切换动画"按钮，添加关键帧，❸设置"球面中心"值为 1087、895，如下图所示。

步骤 32 添加并设置第三个"球面化"效果变化的第二个关键帧。将播放指示器定位于"00:00:23:16"位置，在"效果控件"面板中，❶单击"半径"选项左侧的"切换动画"按钮，❷单击"球面中心"选项右侧的"添加/移除关键帧"按钮，❸设置"球面中心"值为 1372、895，如下图所示。

步骤 33 添加并设置第三个关键帧。将播放指示器定位于"00:00:26:01"位置，在"效果控件"面板中，❶单击"半径"选项右侧的"添加/移除关键帧"按钮，❷设置"半径"值为 0，❸单击"球面中心"选项右侧的"添加/移除关键帧"按钮，❹设置"球面中心"值为 1686、895，如下图所示。

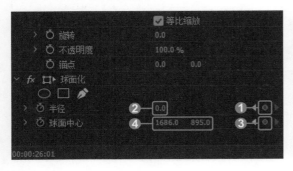

步骤 34 导入音频素材。至此，已完成视频轨道上的素材设置，接下来可以为视频添加事先准备好的音频素材。将项目窗口中的"视频配音.mp4"素材拖动至时间轴 A1 轨道上，并调整持续时间，使音频素材与视频轨道上素材的持续时间相同，如下图所示。

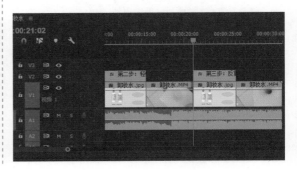

步骤 35 **查看整体视频效果。**单击节目监视器窗口中的"播放 - 停止切换"按钮▶，播放视频，查看整体制作效果，当视频播放至"00:00:13:16"位置时，图像效果如下图所示。

步骤 36 **继续查看整体视频效果。**继续播放视频，查看整体制作效果，当视频播放至"00:00:24:24"位置时，图像效果如下图所示。

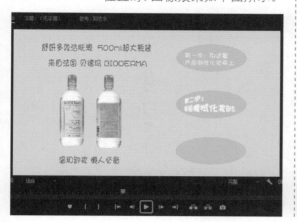

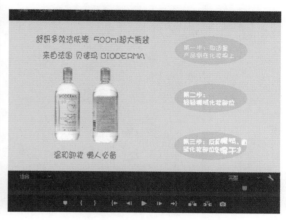

实例87——电脑桌详情视频制作

电脑桌是实用型的日常家居用品，在制作详情视频时，可着重介绍其实用性，使买家能更清楚地了解桌子的细节、材质等。本实例将应用字幕工具和"轨道遮罩键"效果，对视频进行字幕特效编辑，制作精美的详情视频来展示电脑桌。

原始文件	随书资源 \11\ 素材 \ 电脑桌 \ 电脑桌 1.mp4 ～电脑桌 4.mp4、视频配音 .mp4
最终文件	随书资源 \11\ 源文件 \ 电脑桌详情视频制作 .prproj

步骤 01 **新建项目并导入素材。**执行"文件 > 新建 > 项目"菜单命令，❶新建"电脑桌详情视频制作"项目文件，❷将本实例的所有素材都导入项目窗口，如下图所示。

步骤 02 **导入素材至时间轴窗口。**将项目窗口中的"电脑桌 1.mp4"至"电脑桌 4.mp4"素材依次拖动至时间轴窗口，如下图所示。

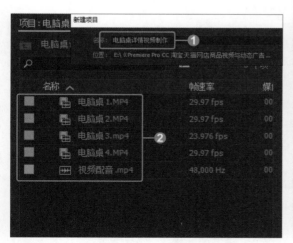

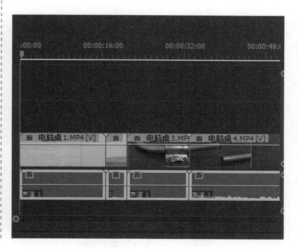

步骤 03 删除所有素材的音频部分。按照实例 62 介绍的方法，取消所有素材的视频部分和音频部分的链接，再删除音频部分，如下图所示。执行"文件 > 新建 > 旧版标题"菜单命令。

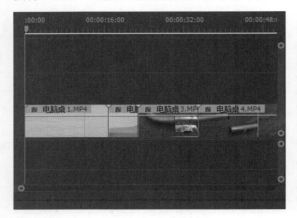

步骤 05 查看"细节 1"字幕新建结果。新建字幕后，系统自动将"细节 1"字幕素材导入项目窗口，如下图所示。

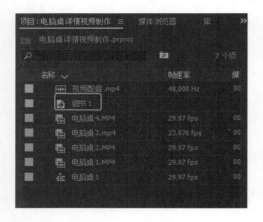

步骤 07 导入"细节 1"字幕素材至时间轴窗口。将项目窗口中的"细节 1"字幕素材导入至时间轴 V2 轨道上，并将其持续时间调至与 V1 轨道上"电脑桌 1.mp4"素材的持续时间相同，如下图所示。

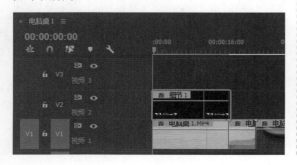

步骤 04 新建旧版标题字幕。在打开的"新建字幕"对话框中，❶设置字幕"名称"为"细节 1"，其他参数保持不变，❷单击"确定"按钮，新建字幕，如下图所示。

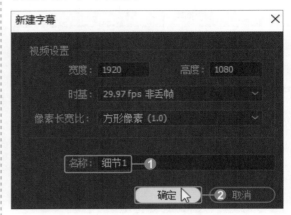

步骤 06 设置"细节 1"字幕的文字内容。打开"字幕"面板，❶输入文字"高雅木纹桌面"，❷设置"字体系列"为"方正隶书简体"，如下图所示。

步骤 08 新建"遮罩 1"字幕。执行"文件 > 新建 > 旧版标题"菜单命令，新建名为"遮罩 1"的字幕，在项目窗口中会显示新建的"遮罩 1"字幕素材，如下图所示。

步骤09 选择"矩形工具"。❶单击"旧版标题工具"标签，❷在打开的"旧版标题工具"面板中单击"矩形工具"按钮▣，如下图所示。

步骤10 绘制矩形图形。在"字幕"面板中单击并拖动鼠标，绘制一个大小至少能覆盖"细节1"字幕内容的矩形图形，如下图所示。

步骤11 导入"遮罩1"字幕素材至时间轴窗口。将项目窗口中的"遮罩1"字幕素材导入至时间轴V3轨道上，并将其持续时间调至与V2轨道上"细节1"字幕素材的持续时间相同，如下图所示。

步骤12 设置"遮罩1"素材运动变化的第一个关键帧。选中"遮罩1"素材，打开"效果控件"面板，在"运动"选项组中，❶单击"位置"选项左侧的"切换动画"按钮◎，添加关键帧，❷设置"位置"值为5、540，如下图所示。

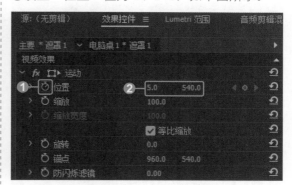

步骤13 设置"遮罩1"素材运动变化的第二个关键帧。将播放指示器定位于"00:00:02:02"位置，在"效果控件"面板中，❶单击"位置"选项右侧的"添加/移除关键帧"按钮◎，添加关键帧，❷设置"位置"值为865、540，如下图所示。

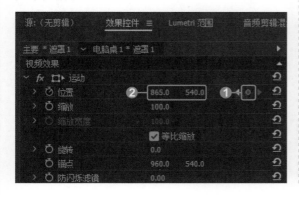

步骤14 单击"轨道遮罩键"效果。在"效果"面板中，❶单击"视频效果"选项组中的"键控"下拉按钮，❷在展开的下拉列表中单击"轨道遮罩键"效果，如下图所示。

步骤 15 应用"轨道遮罩键"效果。将"轨道遮罩键"效果拖动至时间轴 V2 轨道中的"细节 1"素材上方，如下图所示，释放鼠标，应用"轨道遮罩键"效果。

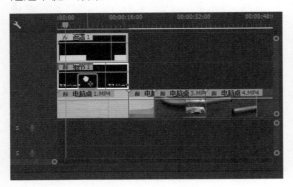

步骤 16 设置轨道遮罩图层。打开"效果控件"面板，在"轨道遮罩键"选项组中，❶单击"遮罩"下拉按钮，❷在展开的下拉列表中单击"视频 3"选项，如下图所示。

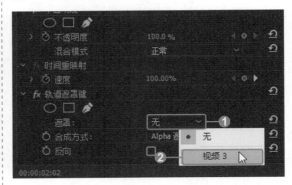

步骤 17 查看遮罩效果。在节目监视器窗口中单击"播放 - 停止切换"按钮▶，播放视频，查看视频遮罩效果，当视频播放至"00:00:00:27"位置时，图像效果如下图所示。

步骤 18 新建"细节 2"字幕。执行"文件 > 新建 > 旧版标题"菜单命令，新建名为"细节 2"的字幕，在项目窗口中会显示新建的"细节 2"字幕素材，如下图所示。

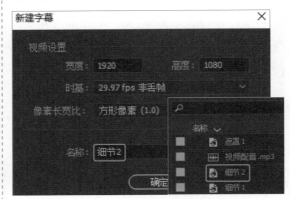

步骤 19 设置"细节 2"字幕的文字内容。将播放指示器定位于"电脑桌 2.mp4"素材的开始位置，❶单击"旧版标题工具"面板中的"文字工具"按钮**T**，❷在"字幕"面板中输入字幕文字，❸在"旧版标题属性"面板中设置"字体系列"为"方正隶书简体"，如下图所示。

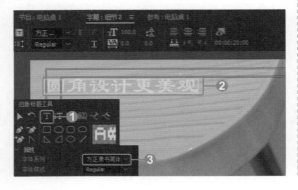

步骤 20 导入"细节 2"字幕素材至时间轴窗口。将项目窗口中的"细节 2"字幕素材导入至时间轴 V2 轨道上"细节 1"素材的末尾位置，并将其持续时间调至与 V1 轨道上"电脑桌 2.mp4"素材的持续时间相同，如下图所示。

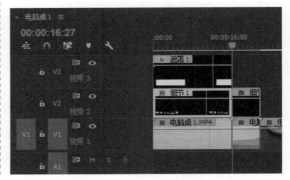

步骤 21 新建"遮罩 2"字幕。执行"文件 > 新建 > 旧版标题"菜单命令，新建名为"遮罩 2"的字幕。在项目窗口中会显示新建的"遮罩 2"字幕素材，如下图所示。

步骤 22 绘制"遮罩 2"字幕的矩形图形。应用"矩形工具"在"字幕"面板中绘制矩形图形，并调整其大小，使其至少能覆盖"细节 2"字幕的内容，如下图所示。

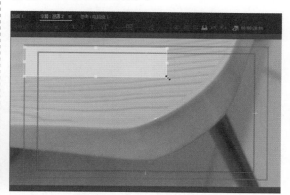

步骤 23 导入"遮罩 2"字幕素材至时间轴窗口。将项目窗口中的"遮罩 2"字幕素材导入至 V3 轨道上"遮罩 1"字幕素材的末尾位置，并将其持续时间调至与 V2 轨道上"细节 2"字幕素材的持续时间相同，如下图所示。

步骤 24 设置"遮罩 2"素材运动变化的第一个关键帧。选中"遮罩 2"字幕素材，打开"效果控件"面板，在"运动"选项组中，❶单击"位置"选项左侧的"切换动画"按钮，添加关键帧，❷设置"位置"值为 -50、540，如下图所示。

步骤 25 设置"遮罩 2"素材运动变化的第二个关键帧。将播放指示器定位于"00:00:19:06"位置，在"效果控件"面板中，❶单击"位置"选项右侧的"添加 / 移除关键帧"按钮，添加关键帧，❷设置"位置"值为 958、540，如下图所示。

步骤 26 应用"轨道遮罩键"效果。在"效果"面板中按住"轨道遮罩键"效果不放，将其拖动至时间轴 V2 轨道中的"细节 2"素材上方，当鼠标指针变为形状时，如下图所示，释放鼠标，应用"轨道遮罩键"效果。

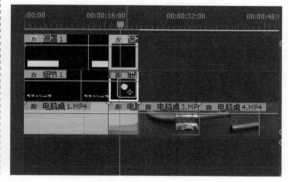

步骤 27 设置轨道遮罩图层。打开"效果控件"面板，在"轨道遮罩键"选项组中，❶单击"遮罩"下拉按钮，❷在展开的下拉列表中单击"视频 3"选项，如下图所示。

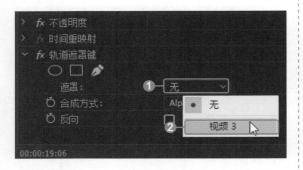

步骤 28 新建"细节 3"字幕。执行"文件 > 新建 > 旧版标题"菜单命令，新建名为"细节 3"的字幕。在项目窗口中会显示新建的"细节 3"字幕素材，如下图所示。

步骤 29 设置"细节 3"字幕的文字内容。将播放指示器定位于"电脑桌 3.mp4"素材的开始位置，❶单击"旧版标题工具"面板中的"文字工具"按钮 T，❷在"字幕"面板中输入如下图所示的文字内容，❸设置"字体系列"为"方正隶书简体"。

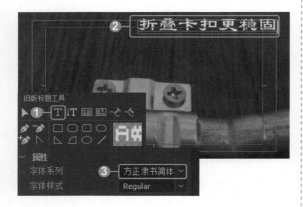

步骤 30 导入"细节 3"字幕素材至时间轴窗口。将项目窗口中的"细节 3"字幕素材导入至时间轴 V2 轨道上"细节 2"素材的末尾位置，并将其持续时间调至与 V1 轨道上"电脑桌 3.mp4"素材的持续时间相同，如下图所示。

步骤 31 新建"遮罩 3"字幕。执行"文件 > 新建 > 旧版标题"菜单命令，新建名为"遮罩 3"的字幕。在项目窗口中会显示新建的"遮罩 3"字幕素材，如下图所示。

步骤 32 绘制"遮罩 3"字幕的矩形图形。应用"矩形工具"在"字幕"面板中绘制大小至少能覆盖"细节 3"字幕内容的矩形图形，如下图所示。

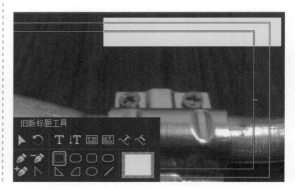

步骤 33 导入"遮罩 3"字幕素材至时间轴窗口。将项目窗口中的"遮罩 3"字幕素材导入至 V3 轨道上"遮罩 2"字幕素材的末尾位置，并将其持续时间调至与 V2 轨道上"细节 3"字幕素材的持续时间相同，如下图所示。

步骤 34 设置"遮罩 3"素材运动变化的第一个关键帧。在"效果控件"面板中，❶单击"位置"选项左侧的"切换动画"按钮，添加关键帧，❷设置"位置"值为 960、385，如下图所示。

步骤 35 设置"遮罩 3"素材运动变化的第二个关键帧。将播放指示器定位于"00:00:25:05"位置，在"效果控件"面板中，❶单击"位置"选项右侧的"添加 / 移除关键帧"按钮，添加关键帧，❷设置"位置"值为 960、541，如下图所示。

步骤 36 应用"轨道遮罩键"效果。在"效果"面板中按住"轨道遮罩键"效果不放，将其拖动至时间轴 V2 轨道中的"细节 3"素材上方，当鼠标指针变为形状时，如下图所示，释放鼠标，应用"轨道遮罩键"效果。

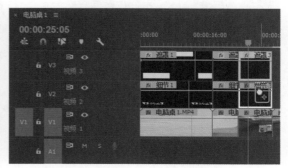

步骤 37 设置轨道遮罩图层。打开"效果控件"面板，在"轨道遮罩键"选项组中，❶单击"遮罩"下拉按钮，❷在展开的下拉列表中单击"视频 3"选项，如下图所示。

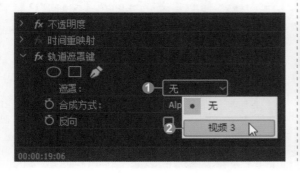

步骤 38 新建"细节 4"字幕。执行"文件 > 新建 > 旧版标题"菜单命令，新建名为"细节 4"的字幕。在项目窗口中会显示新建的"细节 4"字幕素材，如下图所示。

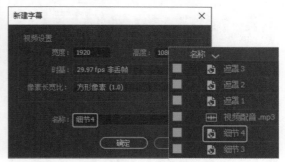

步骤 39 设置"细节 4"字幕的文字内容。将播放指示器定位于"电脑桌 4.mp4"素材的开始位置，❶单击"文字工具"按钮T，❷在"字幕"面板中输入如下图所示的文字内容，❸设置"字体系列"为"方正隶书简体"。

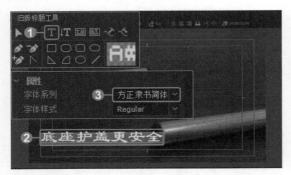

步骤 40 导入"细节 4"字幕素材至时间轴窗口。将项目窗口中的"细节 4"字幕素材导入至时间轴 V2 轨道上"细节 3"素材的末尾位置，并将其持续时间调至与 V1 轨道上"电脑桌 4.mp4"素材的持续时间相同，如下图所示。

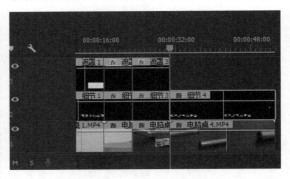

步骤 41 新建"遮罩 4"字幕。执行"文件 > 新建 > 旧版标题"菜单命令，新建名为"遮罩 4"的字幕。在项目窗口中会显示新建的"遮罩 4"字幕素材，如下图所示。

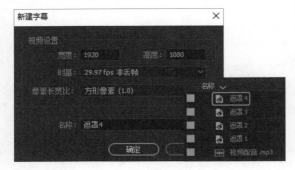

步骤 42 绘制"遮罩 4"字幕的矩形图形。应用"矩形工具"在"字幕"面板中绘制至少能覆盖"细节 4"字幕内容的矩形图形，如下图所示。

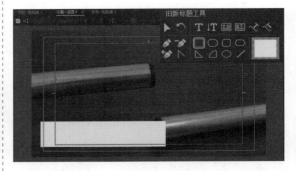

步骤 43 导入"遮罩 4"字幕素材至时间轴窗口。将项目窗口中的"遮罩 4"字幕素材导入至 V3 轨道上"遮罩 3"字幕素材的末尾位置，并将其持续时间调至与 V2 轨道上"细节 4"素材的持续时间相同，如下图所示。

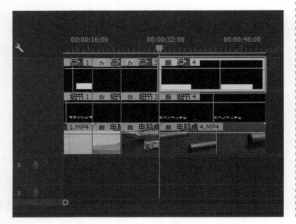

步骤 44 设置"遮罩 4"素材运动变化的第一个关键帧。打开"效果控件"面板，在"运动"选项组中，❶单击"位置"选项左侧的"切换动画"按钮，添加关键帧，❷设置"位置"值为 944、671，如下图所示。

步骤 45 设置"遮罩 4"素材运动变化的第二个关键帧。将播放指示器定位于"00:00:35:22"位置，在"效果控件"面板中，❶单击"位置"选项右侧的"添加/移除关键帧"按钮■，添加关键帧，❷设置"位置"值为 944、540，如下图所示。

步骤 47 设置轨道遮罩图层。打开"效果控件"面板，在"轨道遮罩键"选项组中，❶单击"遮罩"下拉按钮，❷在展开的下拉列表中单击"视频 3"选项，如下图所示。

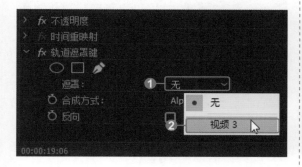

步骤 49 查看整体视频效果。设置完成后，可在节目监视器窗口中播放视频，查看整体制作效果。下图所示为视频播放至"00:00:23:21"位置时的视频效果。

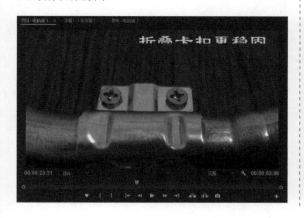

步骤 46 应用"轨道遮罩键"效果。在"效果"面板中按住"轨道遮罩键"效果不放，将其拖动至时间轴 V2 轨道中的"细节 4"素材上方，当鼠标指针变为◎形状时，如下图所示，释放鼠标，应用"轨道遮罩键"效果。

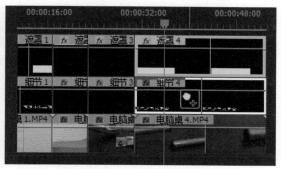

步骤 48 导入音频素材至时间轴窗口。将项目窗口中的"视频配音 .mp4"素材导入至时间轴 A1 轨道上，并将其持续时间调至与视频轨道上素材的持续时间相同，如下图所示。

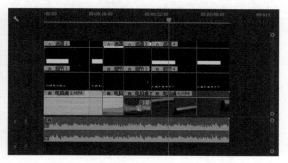

步骤 50 继续查看整体视频效果。继续在节目监视器窗口中播放视频，查看整体制作效果。下图所示为视频播放至"00:00:44:06"位置时的视频效果。

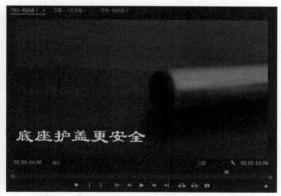

实例88——丝袜详情视频制作

对于网店中的丝袜商品来说，买家更多关注的是丝袜的厚薄程度、弹力显瘦程度、是否起球等问题，因此，在制作其商品详情视频时，可围绕这些方面进行叙述。本实例将应用"文字工具"和视频过渡效果，制作详情视频来展示某品牌丝袜商品的特点。

原始文件	随书资源 \11\ 素材 \ 丝袜 \ 丝袜 1.mp4 ～丝袜 4.mp4、配音 .mp4
最终文件	随书资源 \11\ 源文件 \ 丝袜详情视频制作 .prproj、丝袜 .mp4

步骤 01 **新建项目并导入素材。** 执行"文件 > 新建 > 项目"菜单命令，❶新建一个名为"丝袜详情视频制作"的项目文件，❷将本实例的所有素材都导入项目窗口，如下图所示。

步骤 02 **新建序列。** 按快捷键 Ctrl+N，打开"新建序列"对话框，❶单击"设置"标签，❷设置"帧大小"的"水平"值为 800、"垂直"值为 450，❸设置"序列名称"为"丝袜"，单击"确定"按钮，如下图所示。

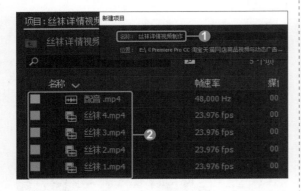

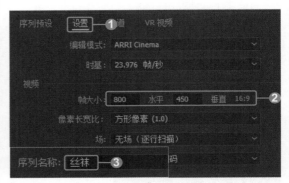

步骤 03 **导入"丝袜 1.mp4"素材至时间轴窗口。** 将项目窗口中的"丝袜 1.mp4"素材拖动至"丝袜"序列的时间轴 V1 轨道上，并放大显示素材，如下图所示。

步骤 04 **设置第一段文字内容。** 单击工具面板中的"文字工具"按钮 **T**，在节目监视器窗口中单击并输入文字"250D 加绒丝袜实图展示"，如下图所示。

步骤 05 设置第一段文字的位置和大小。打开"效果控件"面板，展开"视频效果"选项组，在"文本"选项组的"变换"选项组中，❶设置"位置"值为241.4、407.8，❷设置"缩放"值为35，如下图所示。

步骤 06 打开"拾色器"对话框。在"效果控件"面板中，❶单击"源文本"下拉按钮，❷在展开的下拉列表中选择合适的字体，❸单击"填充"选项左侧的颜色块，如下图所示。

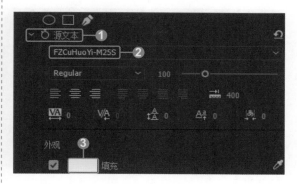

步骤 07 设置文字的填充颜色。打开"拾色器"对话框，❶设置颜色值为R6、G2、B2，❷单击"确定"按钮，如下图所示。

步骤 08 设置文字的"描边"效果。在"效果控件"面板中，❶勾选"描边"选项左侧的复选框，❷设置描边宽度为90，❸单击"描边"选项左侧的颜色块，如下图所示。

步骤 09 设置文字的描边颜色。在打开的"拾色器"对话框中，❶设置颜色值为R231、G210、B68，❷单击"确定"按钮，完成设置，如下图所示。

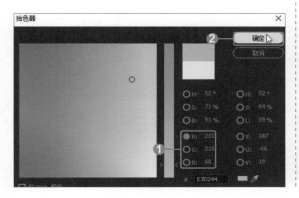

步骤 10 查看文字设置效果。返回工作区，节目监视器窗口中显示了设置参数后的效果，如下图所示。

步骤 11 调整第一段文字素材的持续时间。将鼠标移至时间轴窗口中的"250D加绒丝袜实图展示"文字素材的右侧，当鼠标指针变为 ◀ 形状时，单击并向右拖动，当出现一条黑色竖线时，如下图所示，释放鼠标。

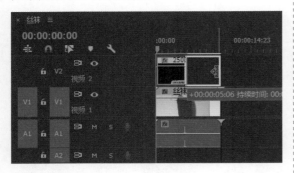

步骤 13 输入第二段文字。应用"文字工具"在节目监视器窗口中输入文字"百分百不起球"，随后在时间轴窗口中会自动生成第二段文字素材，如下图所示。

步骤 15 调整第二段文字素材的持续时间。将鼠标移至时间轴窗口中的"百分百不起球"文字素材的右侧，当鼠标指针变为 ◀ 形状时，单击并向右拖动，当出现一条黑色竖线时，如下图所示，释放鼠标。

步骤 12 导入"丝袜2.mp4"素材至时间轴窗口。将项目窗口中的"丝袜2.mp4"素材拖动至时间轴V1轨道上"丝袜1.mp4"素材的右侧位置，使两个素材首尾衔接，然后将播放指示器定位于"丝袜2.mp4"素材的开始位置，如下图所示。

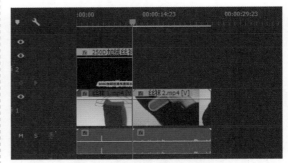

步骤 14 设置第二段文字的位置和大小。打开"效果控件"面板，展开"视频效果"选项组，在"文本"选项组的"变换"选项组中，❶设置"位置"值为42.4、407.8，❷设置"缩放"值为50，如下图所示。

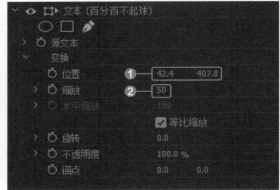

步骤 16 导入"丝袜3.mp4"素材至时间轴窗口。将项目窗口中的"丝袜3.mp4"素材拖动至时间轴V1轨道上"丝袜2.mp4"素材的右侧位置，使两个素材首尾衔接，然后将播放指示器定位于"丝袜3.mp4"素材的开始位置，如下图所示。

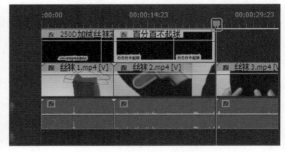

步骤 17 输入第三段文字。应用"文字工具"在节目监视器窗口中输入文字"百分百弹力瘦腿",此时时间轴窗口中会自动生成第三段文字素材,如下图所示。

步骤 18 设置第三段文字的位置和大小。打开"效果控件"面板,展开"视频效果"选项组,在"文本"选项组的"变换"选项组中,❶设置"位置"值为 25、56.8,❷设置"缩放"值为 40,如下图所示。

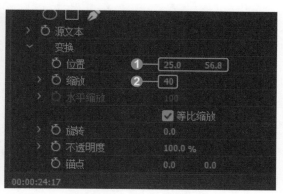

步骤 19 调整第三段文字素材的持续时间。将鼠标移至时间轴窗口中的"百分百弹力瘦腿"文字素材的右侧,当鼠标指针变为◀形状时,单击并向右拖动,当出现一条黑色竖线时,如下图所示,释放鼠标。

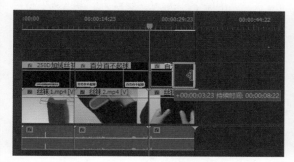

步骤 20 整体移动时间轴窗口中的素材。❶单击工具面板中的"手形工具"按钮,❷将鼠标移至时间轴窗口,当鼠标指针变为手形时,单击并向左拖动鼠标,使素材整体向左移动,如下图所示。

步骤 21 导入"丝袜 4.mp4"素材至时间轴窗口。将项目窗口中的"丝袜 4.mp4"素材拖动至时间轴 V1 轨道上"丝袜 3.mp4"素材的右侧位置,使两个素材首尾衔接,如下图所示。

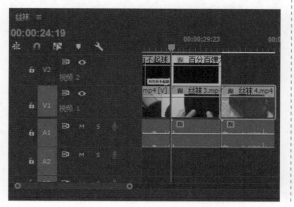

步骤 22 输入第四段文字。将播放指示器定位于"丝袜 4.mp4"素材的开始位置,单击工具面板中的"文字工具"按钮,在节目监视器窗口中输入文字"百分百不脱色",如下图所示。

步骤 23 设置第四段文字的位置和大小。在"效果控件"面板中展开"视频效果"选项组，在"文本"选项组的"变换"选项组中，❶设置"位置"值为 70.6、391.5，❷设置"缩放"值为50，如下图所示。

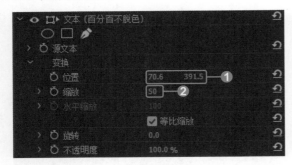

步骤 24 调整第四段文字素材的持续时间。将鼠标移至时间轴窗口中的"百分百不脱色"文字素材的右侧，当鼠标指针变为◀形状时，单击并向右拖动，当出现一条黑色竖线时，如下图所示，释放鼠标。

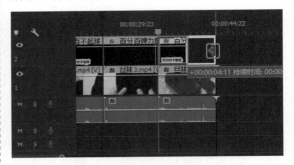

步骤 25 缩小标尺视图。将播放指示器定位于视频开始处，移动鼠标至时间轴窗口中缩放滚动条的右侧端点上，当鼠标指针变为手形🖐时，单击并向右拖动，缩小显示标尺视图，使所有素材在时间轴上完全显示，如下图所示。

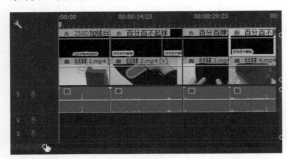

步骤 26 单击"带状滑动"过渡。在"效果"面板中，❶单击"视频过渡"选项组中的"滑动"下拉按钮，❷在展开的下拉列表中单击"带状滑动"过渡，如下图所示。

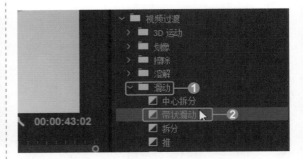

步骤 27 应用"带状滑动"过渡。将"带状滑动"过渡拖动至时间轴 V2 轨道上"百分百不起球"文字素材的开始位置，释放鼠标，应用"带状滑动"过渡，如下图所示。

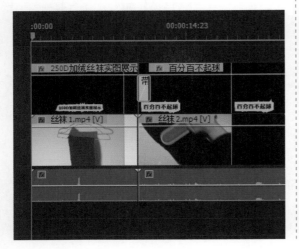

步骤 28 设置"带状滑动"过渡的持续时间。单击"带状滑动"过渡图示，在"效果控件"面板中设置"持续时间"值为"00:00:02:00"，如下图所示。

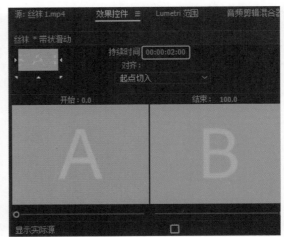

步骤 29 设置"带数量"参数。在"效果控件"面板中，❶单击"自定义"按钮，❷在打开的"带状滑动设置"对话框中设置"带数量"值为3，❸单击"确定"按钮，完成设置，如下图所示。

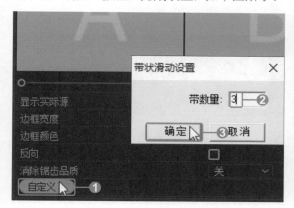

步骤 30 单击"翻页"过渡。在"效果"面板中，❶单击"视频过渡"选项组中的"页面剥落"下拉按钮，❷在展开的下拉列表中单击"翻页"过渡，如下图所示。

步骤 31 应用"翻页"过渡。将"翻页"过渡拖动至时间轴 V2 轨道上"百分百弹力瘦腿"文字素材的开始位置，释放鼠标，应用"翻页"过渡，如下图所示。

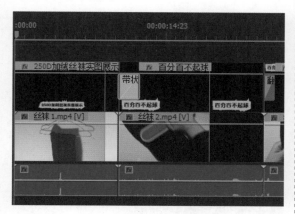

步骤 32 设置"翻页"过渡的持续时间。双击过渡图示，在打开的"设置过渡持续时间"对话框中，❶设置"持续时间"值为"00:00:02:00"，❷单击"确定"按钮，如下图所示。

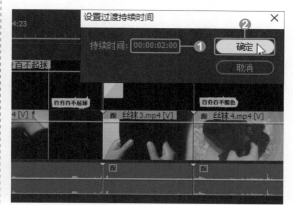

步骤 33 单击"立方体旋转"过渡。在"效果"面板中，❶单击"视频过渡"选项组中的"3D运动"下拉按钮，❷在展开的下拉列表中单击"立方体旋转"过渡，如下图所示。

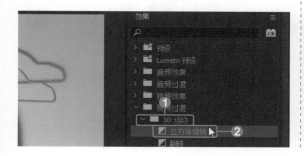

步骤 34 应用"立方体旋转"过渡。将"立方体旋转"过渡拖动至第四段文字素材的开始位置后释放鼠标，应用"立方体旋转"过渡，并将"立方体旋转"过渡的持续时间设置为"00:00:02:00"。下图所示为设置完成后的时间轴窗口。

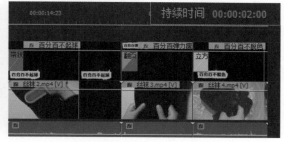

步骤 35 删除所有素材的音频部分。按照实例 62 介绍的方法，取消所有素材的视频部分和音频部分的链接，再删除音频部分，如下图所示。

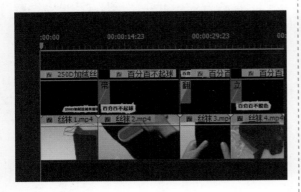

步骤 36 导入新的音频素材至时间轴窗口。将项目窗口中的"配音 .mp4"素材导入至时间轴 A1 轨道上，并将其持续时间调至与视频轨道上素材的持续时间相同，如下图所示。至此，已完成丝袜详情视频的制作。

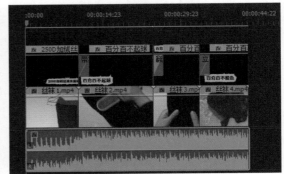

步骤 37 设置视频导出路径。制作完视频后，需要将视频导出为电商平台支持的格式，❶按快捷键 Ctrl+M，在打开的"导出设置"对话框中单击"输出名称"右侧的蓝色区域，❷打开"另存为"对话框，设置视频导出路径，❸单击"保存"按钮，如下图所示。

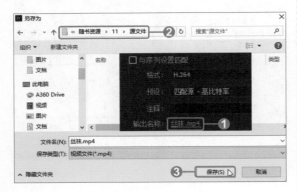

步骤 38 单击"导出"按钮。设置好视频导出的路径后，单击"导出设置"对话框下方的"导出"按钮，打开"编码"对话框，显示视频导出的进度，如下图所示。

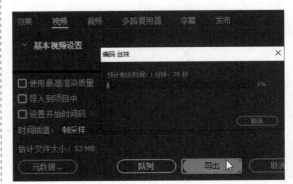

步骤 39 查看导出的视频。导出完成后，即可在设置的导出路径下看到导出的视频文件，如右图所示。